JN112392

木下浩一

世界思想社

目次

凡　例

・年の表記は、原則として西暦を用いた。
・固有名詞については、基本的に旧漢字のままとした。個人名や会社名などの表記に揺らぎがみられる場合は、原則として当該の書などの表記のままとした。個人名は適宜省略した。
・本文中で引用した人物の肩書き等については、原則として引用文発表当時のものとした。
・番組名については、《　》で括って表記した。また、番組名は適宜省略した。ただし、引用部分については、基本的にママとした。また、番組名中の「・」は適宜省略した。
　（例）《木島則夫モーニングショー》→《木島》
・引用文中の省略については、中略のみ（略）として表記した。（前略）（後略）については省いた。また、引用文中の〔　〕部分は、筆者が付加した。
・本文中における番組の種類と、番組種別とは異なる。番組の種類は番組ごとに定義されるが、一方の番組種別は、番組の要素としての種別である（第一章で詳述）。後者の番組種別については、本文中においては「　」で括って表記した。
　（例）番組の種類――教育番組、教養番組、娯楽番組、など。
　　　番組種別――「教育」「教養」「娯楽」、など。

商業教育局一覧

＊本書の主な分析対象

【教育局】

＊日本教育テレビ―一九五九年二月、開局。在京三番目の民放テレビ。社名や呼称をたびたび変更し、一九七三年一一月、一般局化。現在のテレビ朝日。

東京12チャンネル―一九六四年四月、開局。在京五番目の民放テレビ。正式には、日本科学技術振興財団テレビ事業本部。一九七三年一一月に一般局化。現在のテレビ東京。

【準教育局】

＊毎日放送テレビ―一九五九年三月、開局。在阪四番目の民放テレビ。一九六七年一一月、一般局化。

＊読売テレビ―一九五八年八月、開局。在阪二番目の民放テレビ。一九六七年一一月、一般局化。

札幌テレビ―一九五九年四月、開局。北海道二番目の民放テレビ。一九六七年一一月、一般局化。

表　商業教育局の属性と特徴

	種別	所在	キー局／準キー局等	教育番組（それぞれ以上）	教養番組（それぞれ以上）	学校放送番組の制作	社会教育番組の制作	教養番組の制作	ラジオ（前史の有無）	エリア内の開局順位
日本教育テレビ NET	教育局	東京	キー局	53%→50%	30%	○	○	○	×	3局目
東京12チャンネル TX	教育局	東京	独立局（後にキー局）	75%（科学技術60%）	25%（報道含む）	○	○	○	×	5局目
毎日放送テレビ MBS	準教育局	大阪	準キー局（キー局）	20%	30%	×	○	○	○	4局目
読売テレビ放送 YTV	準教育局	大阪	準キー局	20%	30%	○	○	○	×	2局目
札幌テレビ STV	準教育局	札幌	基幹局	20%	30%	×	○	○	△（後にラジオ）	2局目

＊開局順位はそれぞれの局の放送エリア内における順位である。

序章　商業教育局と日本のテレビ放送

忘れ去られたもうひとつの教育テレビ

一九五三年、国内においてテレビの本放送が開始された。当時のテレビ受像機の価格は、平均的なサラリーマンの年収相当といわれ、極めて高価であった。高嶺の花であるテレビを、人々は街頭テレビや、受像機が設置された喫茶店などで視聴した。[1] 番組の目玉は、力道山に代表されるプロレスであった。プロレス中継は大人気となるが、流血があるなど、過激だとして批判の的となった。一九五七年、日本テレビの番組《何でもやりまショー》における過剰な企画・演出をきっかけに、「一億総白痴化」に代表されるテレビ批判が巻き起こる。[2] 文字通り、テレビを見るとすべての国民が「白痴」になるという批判であった。テレビ批判を背景に一九五〇年代末、すべてのテレビ局に対して、番組種別上の「教育」「教養」あわせて三〇％以上の放送が義務付けられた[3]（番組種別については第一章で詳述）。視聴者である国民を「白痴化」するのではなく、反対に「博知化」すべく、テレビを教育に利用しようというものであった。テレビの教育利用は、若き郵政大臣・田中角栄の強力なリーダーシップのもと、当時の郵政省によって進められた。この時、あわせて誕生したのが、テレビの教育局であった[4]。いわゆる教育テレビである。

二〇二一年現在、地上波テレビにおける教育テレビは、Eテレのみとなっている。しかしながら一九七〇年代初頭までの日本国内には、民間放送、いわゆる民放の教育テレビが存在した。テレビの教育局は、公共放送であるNHK教育テレビと、民放である商業教育局に大別された。佐藤卓己は、テレビの前史であるラジオ放送を含め、日本の教育放送の通史ともいえる『テレビ的教養』を著している。当該の書と年史を導きとしながら、日本の商業教育局の歩みを概観してみよう。

商業教育局には、教育局と準教育局の二つの水準があった。日本教育テレビ（現テレビ朝日）と日本科学技術振興財団テレビ事業本部（東京12チャンネル、現テレビ東京）は教育局であり、読売テレビ（YTV）、毎日放送テレビ（MBS）[5]、札幌テレビ（STV）は準教育局であった[6]。五局のうち、東京12チャンネルを除く四局が、ほぼ同時期の一九五八年八月から翌一九五九年四月に開局している[7]。

教育局である日本教育テレビは、番組編成上における番組種別の量として、「教育」五三％以上、「教養」三〇％以上という極めて高い比率が課せられた。日本教育テレビは、教育専門局でありながら広告モデルを採用した、世界的に極めて珍しいテレビ局であった[8]。

同じく教育局の東京12チャンネルは、日本教育テレビより五年遅れて開局した。科学を中心とした教育局である東京12チャンネルは、日本教育テレビと異なり、広告収入を主とせず、財界からの「資金援助」などによる運営を目指した[9]。

一方の準教育局は、「教育」二〇％以上、「教養」三〇％以上が課せられた[10]。「教養」の量は教育局と同じであったが、「教育」については、教育局よりも三〇ポイント程度低かった。詳細は本論でみていくが、この「教育」という種別に関する規制量の差が、教育局と準教育局の双方に対して様々な影響を及ぼすことになる。準教育局の三局は一九六七年に一般局化され[11]、番組種別の量的規制から実質的に解放された。一方の教育局は、一九七三年まで存置された[12]。

商業教育局は、「教育」や「教養」を放送することで、社会に寄与することが求められた。商業教育局の開局と同時期に、他の一般局に対しても「教育」「教養」あわせて三〇%が課せられたが、教育局の比率とは大きな差があった。日本教育テレビが世界的に珍しいのは、教育と商業性の両立、なかでも広告モデルとの両立が極めて困難であることが当然視されていたからであった。

商業教育局と同じ時期に、一般局も多数開局した。いわゆる第一次大量免許の発行である。教育と商業性の両立が困難であることを認識していた各局の設立者は、採算性が低いと思われる「教育」を忌避した。結果として、儲からないテレビの「教育」は、商業教育局に押し付けられた格好となった[13]。

見てもらえる教育テレビを目指して

大方の予想通り、商業教育局が放送する番組の視聴率は低く、経営状態は苦しいものであった。なかでも学校放送番組の視聴率は、ほぼゼロといってよい状態であった。そもそも測定される視聴率は、学校放送番組が前提としていた学校や教室での視聴ではなく、家庭での視聴が想定されていた。

経営状態が苦しいとはいえ、免許事業である限り、放送免許の要件を守る必要があった。たとえ低い視聴率であっても、商業教育局は免許要件を満たす量の「教育」や「教養」を放送しなければならなかった。

商業教育局にとって番組種別の「教育」や「教養」の量的規制は足かせといってよかったが、その足かせが嵌められたまま、商業教育局は高い視聴率を目指さねばならなかった。

「教育」「教養」と高い視聴率の両立を目指すなかで、テレビの新しい在り方が生まれた。それは、本書が取り上げる、外国テレビ映画や洋画、あるいはニュースショーやクイズ番組であった[14]。これらのジャンルの番組は、社会に広く受け入れられ、高い視聴率を獲得した。また他局にも大きな影響を与え、社会的なムーブメントとなった。

一方でこれらの番組は、教育局が放送する番組としては「娯楽的」だとして、多くの批判を浴びた[15]。「一億総白痴化」というテレビ批判を受けて開局した教育局であったが、結果的に、同様の批判を浴びることとなった。商業教育局は、誕生から約一五年後に一般局化し、消滅した。この間に放送された「教育」や「教養」は、放送免許における番組種別という形式上にすぎず、実態は伴わなかったのだろうか。

二〇一〇年、「放送番組の種別の公表制度」[16]が導入され、すべての地上波テレビ局に対して、番組種別の公表が義務付けられた。二〇二〇年三月時点において公表されているデータによれば、日本のいずれの地上波テレビ局も、全放送時間の三五%から四〇%程度を、番組種別上の「教育」「教養」に割いている[17]。多くの視聴者は意識しないうちに、日々のテレビ視聴によって大量の「教育」「教養」を受容している。商業教育局の「教育」と「教養」は、現在のテレビ放送におけるそれらの原点である。

しかしながら、商業教育局の検討は、十分とはいえない。古田尚輝と北浦寛之は、日本教育テレビを対象に検討しているが[18]、それらの論考は、映画との関連から行われている。商業教育局という存在は、映画からの逆照射以前に、まずはテレビ放送そのものとして検討する必要がある。

佐藤卓己は、商業教育局の送り手の思想に着目し、種別分類の恣意性などに言及している。しかしながら、商業教育局がどのような番組をどのような意志で制作したのか、その詳細は不明である。ホセ・マリア・デ・ベラは、日本教育テレビの学校放送番組について、特に受け手である生徒とその効果について検討しているが[19]、商業教育局の学校放送番組の視聴は極めて限定されていた。効果は重要な観点であるが、効果を問うのであれば、より多くの視聴者が接した番組、つまりは高い視聴率を上げた番組をこそ検討すべきである。それは学校放送番組以外でありながら、「教育」「教養」に分類された番組だ。

これらの研究以外にも、テレビ放送という産業や放送制度、あるいは放送ネットワークに着目した論考があるが、商業教育局という送り手の意志と受け手の受容、あるいは番組編成の変容過程などは、十分に検討されてこなかった。

さらに、準教育局である毎日放送テレビや読売テレビについては、関西圏という関東圏に次ぐ広大な地域を放送エリアとしているにもかかわらず[20]、ネットワークなどについての一部の論考を除き、ほとんど検討すらされていない。後に準キー局と呼ばれる在阪局は、在京局に次いで多くの番組を制作してきた。在阪の準教育局が制作した番組も、他の放送エリアに配信され、多くの視聴者が接触した。それらの番組にも「教育」や「教養」の要素が多分に含まれていた可能性がある。視聴者はテレビを通じて、ほぼ無意識のうちに、東京や大阪から発信された「教育」や「教養」を少なからず摂取してきたのではないか。

商業教育局は、民放のなかでは相対的に低視聴率であったとはいえ、NHK教育テレビよりもはるかに高い視聴率を上げていた。そして本書が取り上げる三つのジャンルにおいては、テレビ業界を牽引する存在であった。

本書は、商業教育局という送り手がどのような意志をもって放送や番組制作を行い、どのように放送や番組の形式を変化させ、結果的にテレビにおける「教育」「教養」がどのように変化したのかを、様々な主体との相互作用による時間軸上の変化として分析する。この歴史的分析を通じて、一般家庭での視聴を前提としたテレビにおける「社会教育」と「教養」について問い直すことを目的とする。具体的には、以下の問いに対して一定の答えを導出する。

（1）商業教育局の番組種別はどのように変化したのか。
（2）視聴者はテレビに対してどのような「教育」「教養」を求めたのか。
（3）送り手はどのような意志のもと放送を行ったのか。
（4）相互作用の結果、テレビにおける「教育」や「教養」は、どのような形式となったのか。
（5）放送制度は、テレビ放送に対してどのような影響を与えたのか。

これら五つの問いに答える過程で、日本の地上波テレビが「教育」や「教養」をどのように取り込んでいったのかが明らかになるだろう。

分析対象と資料——送り手の証言

本書における分析対象と資料について述べる前に、まず定義について検討しておきたい。定義については、番組種別と番組ジャンルについて検討する必要がある。

本書の中心的関心は、番組種別の「教育」と「教養」にある。この二種について放送法は、「教育」にいくつかの要件を求めたが、放送法における種別の定義は曖昧であり、個別の番組については各放送局が独自に定義することとされた。第一章で詳細にみていくが、「学校放送番組」は「文部省の定める学習指導要領の基準に準拠する」ことが求められ、「社会教育番組」は「学校放送番組」以外の教育番組を指した。

「教養番組」は、「学校および社会教育以外のもの」であり、その領域は「国民生活のあらゆる領域」とされ、「広く一般国民の知見をひろめ情操を培い、倫理性を高めることによって、文化的生活の向上をはかることを目的とする」と定義された。「学校放送番組」がもっとも限定されており、次いで限定されていたのが「社会教育番組」であった。もっとも非限定なのが「教養番組」であった。

さらにいえば、それぞれが補集合の関係にあった。つまり、「教育」全体から「学校放送番組」を除いたものが「社会教育番組」であり、「教育」と「教養」から「学校教育」と「社会教育」を除いたものが「教養」であった。詳細は本論でみていくが、「学校放送番組」を一定程度放送しさえすれば、残りは「社会教育番組」とすることができ、「教養」は非限定であったがゆえに、「学校放送番組」と「社会教育番組」以外を「教養」に分類するのは比較的容易であった。

しかしながら、要件は明らかであったものの、各送り手が実際にどのような番組種別の申告を当局に対して行ったかは不明である。つまり具体的に、どの番組をどの種別に分類したかが明確となる資料は、管見の限り公開されていない。したがって本書では、当時の放送規制の枠内における送り手の認識をもって分類する。換言すれば、個別の番組ごとに送り手の言及を論拠として判断する。

ただし番組の種別に先立って、番組が存在する。当該の番組の内容が明らかになった後に、種別が問われるべきである。番組の内容については、多くの内容分析がそうであるように、実際に番組を視聴することが望ましい。しかしながら、当時の番組の多くは生放送、もしくはフィルム録画であり、本書が対象とした番組群はほとんど残されていない[21]。一九六〇年代半ばから放送用VTRが普及するが、その時期でさえVTRテープは高価であり、通常何度も使用され、上書きによって消去されている。したがって多くのメディア史研究がそうであるように、コンテンツ（番組内容）については、活字などの資料をもとに検討する。

次に、分析対象について述べる。分析対象とするジャンルは、外国テレビ映画と洋画、ニュースショー（後にワイドショー）、クイズ番組の三つである。本書における各ジャンルの定義を、以下に述べる。なお、「帯」とは番組編成の一形式であり、同一タイトルで複数の曜日の同じ時間帯に放送される編成形式のことである[22]。帯で編成された番組は帯番組、あるいはベルト番組などと呼ばれる。

【外国テレビ映画】テレビ放送を前提に、アメリカやヨーロッパなどの海外で製作された四五分以上のドラマ作品である。

【洋画】劇場での上映を前提に、アメリカやヨーロッパなどの海外で製作された映画作品である。

【ニュースショー】ニュースを主な内容とし、主な視聴者が限定され、帯の生放送で編成された四五分以上の番組である。

【クイズ番組】一人ないしは複数の解答者が、正解がひとつに限定された問題に解答し、正解または正解数を競う番組である。問題は知識を問うものが主であるが、一部インスピレーションなどによるものを含む。

番組についての量的分析を一部行うが、量的分析の対象期間は、各年ともに六月の第一週を対象とした。六月第一週を対象としたのは、各局の番組編成のもっとも大きな見直しは通常、春に行われるが、それが落ち着きをみせるのが六月頃だからである。[23]なお、当該の週に国政選挙が行われるなど、通常の編成と大きく異なる場合は、翌第二週を対象とした。

次に、資料について述べる。本書は、商業教育局の送り手を中心に歴史的分析を行うが、以下の七つを主な資料群とした。①新聞三紙（『朝日新聞』『毎日新聞』『読売新聞』の朝夕刊、東京版[24]）、②放送・教育・映画関連雑誌、③社内報や社報、④社友報や元局員の回顧録、⑤放送関連の年史、⑥社史、⑦国会会議録、以上である。

①の一般紙は、メディア研究あるいはメディア史研究において新味はないが、しかしながら本書が対象とした一九五〇年代から一九七〇年代においては、重要な基礎的資料となりうる。特に在京の商業テレビ史研究においては、ひとつひとつの記述は短いものの、丹念に渉猟すれば、相当量の事実が蓄積されており、また送り手の証言や言表が記録されている。②の放送・教育・映画関連雑誌は、『放送文化』『総合ジャーナリズム研究』『月刊日本テレビ』『放送教育』『社会教育』『言語生活』『キネマ旬報』などを対象とした。[25]③社内報は、送り手の社内PR誌である。個別に差はあるが、社内報は比較的、経営陣らの考えを社内に周知する「官報」的な雑誌が少なくない。したがって経営者や管理職の発言を中心に、論拠として採用した。④社友報や回顧録は、本書においては重要な資料となった。テレビ朝日社友会は、一九九〇年から年一回、一〇〇頁前後の会報を発刊し、元日本教育テレビ局員の回顧などを多数掲載している。また日本教育テレビの創業当時を知る元局員は、二〇二一年現在において七〇歳台後半から八〇歳台であるが、

回顧録も一定程度出版されている。これらは当時から相当期間を経ているものの、相対的に自由な回顧がみられる。また回顧録には、放送人の会による聞き取り調査「放送人の証言」を含み、一部、筆者自らが聞き取り調査を行った。⑤の放送関連の年史や年鑑は、基礎的な資料とするとともに、⑥の社史を相対化する際に用いた。⑦の国会会議録は、第一章を中心に、郵政省や文部省の担当官などの言表を参照する際に用いた。

最後に、本書の構成を述べる。

第一章は、もっとも長い期間にわたって本放送を行った日本教育テレビを対象に、番組種別に関する規定を整理した上で、種別に関する送り手内外の言及や言表を分析する。既述のように、日本教育テレビが教育局として開局した背景にはテレビ批判が存在したが、日本教育テレビは番組種別の分類が恣意的だとして多くの批判を浴びた。この章では、日本教育テレビをとりまく番組種別の規制と議論を詳細にみていくことで、商業教育局が自らに対する番組種別上の要件をどのように読み替え、また番組種別がどのように増減したのかを明らかにする。

第二章では、一九五〇年代半ばから一九七〇年代半ばにおける映像翻訳の形式の変化から、送り手に対する視聴者の影響について検討する。後発の日本教育テレビは番組が不足していたため、開局直後から外国テレビ映画を大量に放送した。教育局の日本教育テレビは、外国テレビ映画を「教育」に分類するために解説を付加した。さらに日本教育テレビは、外国文化に馴染みのなかった当時の視聴者が外国文化を理解しやすいように、翻訳に際して字幕ではなく吹き替えを選択した。この章では、送り手がどのような意志のもと、映画と異なる吹き替えという映像翻訳の形式を決定していったのかとともに、外国テレビ映画が「社会教育」であったことを明らかにする。

第三章は、設立当初から報道の娯楽化を企図していた日本教育テレビにおける、ニュースショーの誕生と拡大の過程をみていく。日本教育テレビは、多くのニュースショーを制作し、一九六〇年代半ばから一九七〇年代にかけて同ジャンルを主導した。拡大の過程において、ニュースショーは主婦向けの教養ミニ番組を内包していくが、それは報道の娯楽化であると同時に、「社会教育」の新たな形式の誕生であった。この章では、日本教育テレビのニュースショーの歴史的変化から、多くの視聴者に対して訴求した「社会教育」の特徴を析出する。

第四章では、一九六〇年代終わりの日本教育テレビにおけるクイズ番組の急増という現象を、ネットワークにおける番組交換の観点から分析する。教育局の日本教育テレビは、準教育局の毎日放送テレビとネットワークを組んだが、それは商業教育局同士による国内唯一のネットワークであった。しかしながら一九六七年に毎日放送テレビが一般局化すると、両局に対する「教育」「教養」の規制量の差が増大し、それによって一九六〇年代後半の日本教育テレビでクイズ番組が急増する。毎日放送テレビに対する制度変更が、変更の対象ではない日本教育テレビの放送内容に影響を与える結果となった。このような放送制度の間接的影響は、放送研究において重視される一方で、印象論の域を出ていない[26]。この章では、放送制度が、送り手の放送内容に対して間接的に影響することを実証する。

第五章では、読売テレビを対象に検討する。読売テレビは、毎日放送テレビと同じ在阪の準教育局であったが、毎日放送テレビの在京キー局が教育局の日本教育テレビであったのに対し、読売テレビのキー局は一般局の日本テレビであった。また、毎日放送テレビは開局当初から積極的に番組の配信を志向したのに対して、読売テレビは消極的であった。それら送り手の属性や志向を詳細にみていくことで、読売テレビにおいて地域色豊かな主婦向け社会教育番組が繁茂し、その大きな要因に番組種別の量的規制が存在したことを明らかにする。

終章では、第一章から第五章で明らかにした商業教育局の歴史的変化に考察を加え、結論を述べる。

第一章　テレビにおける教育と教養——番組種別という制約

本章では、制度面から商業教育局について検討する。具体的には、日本教育テレビを対象に、商業教育局に関する内外の規定をみていく。商業教育局を一義的に規定するのは「教育」あるいは「教養」という番組種別の量的・質的規制であるが、番組種別に関する規定は、送り手からみて外在した法令と、内在した規定に大別される。商業教育局は、どのような規定のなか番組を制作し、放送を行ったのであろうか。

本章では、番組種別に関する内外の規定をみた上で、番組種別に関する言及や言表をみていく。種別と種別の間には何らかの境界が存在するが、どの種別とどの種別の境界が問題とされたのか。一方で、日本教育テレビの内部では、番組種別とその規定がどのように読み替えられていったのか。これらの分析から、日本教育テレビでは形式上において番組種別の「社会教育」が増加し、設立当初から「報道」の「娯楽」化が企図されていたことを明らかにする。

1　放送制度からみた日本教育テレビ

テレビ朝日の原点――日本教育テレビの一五年史

一九五三年、地上波テレビの本放送が日本国内で開始された。[1] 公共放送であるＮＨＫ[2]に続いて、民放である日本テレビが開局し、二年後にはラジオ東京テレビ（ＫＲＴ、現ＴＢＳテレビ）が開局した。[3] 日本教育テレビとフジテレビが開局する一九五九年まで、関東エリアでは三局体制が続く。

一九五七年頃、日本テレビの番組をきっかけに「一億総白痴化」というテレビ批判が巻き起こる。[4] テレビ批判は一九五〇年代を通じて存在したが、同時期の日本は教育熱が高まり、これらを背景に一九五七年、関東エリアで新たに三つのテレビ放送免許が許可された。[5] 教育局であるＮＨＫ教育テレビと日本教育テレビ、そして一般局のフジテレビジョン（以下フジテレビ）[6]である。既述のように、日本教育テレビは広告モデルを採用した商業教育専門局であったが、教育局ゆえに相対的に視聴率が低く、苦しい経営状態にあった。[7]

日本教育テレビの経営母体は、東映・旺文社・日本経済新聞社[8]の三社であった。[9] 日本教育テレビの内部では派閥争いが絶えなかったが、[10] 番組制作上は試行を続け、いくつかのジャンルで高い視聴率を獲得し業界をリードした。既述のように、外国テレビ映画あるいは洋画、ニュースショー、クイズ番組などである。日本教育テレビは結果的に、「洋画のＮＥＴ」[11]「クイズ局」[12]などの異名をとった。

教育局という制約にもかかわらず、日本教育テレビは多くの面で右肩上がりの成長を示した。しかし一方で日本教育テレビは、アカデミズム、ジャーナリズム、政治の場において、長期にわたって批判や議論の対象となった。日本教育テレビに対する批判は、放送内容の娯楽化と、番組の種別分類の恣意性に集中した。教育局であるにもかかわらず多くの番組は娯楽的であり、番組種別の規定が守られていないのではないかという懐疑であった。[13] 開局から一五年近くが経過した一九七三年、日本教育テレビは念願の一般局化を果たすと同時に、日本国内の商業専門局は消滅した。[14]

放送制度という足かせ——規制されるテレビ

テレビ放送にかかる法律として、当初は、電波法・放送法・電波監理委員会設置法の三つが存在した。このうち、電波監理委員会設置法は一九五二年八月に廃止され、[15] 日本教育テレビの前身が設立された一九五七年前後においては、電波法と放送法の二つが法的に有効であった。

一九五九年三月の放送法改正で、いわゆる番組調和原則が導入された。[16] 番組調和原則は、法律上の文言ではない。放送法上において、「教養番組又は教育番組並びに報道番組及び娯楽番組を設け、放送番組の相互の間の調和を保つようにしなければならない[17]」と表現されたに留まる。「教養番組」「教育番組」「報道番組」「娯楽番組」の各番組については、各放送事業者に対して番組基準を定めることが義務付けられた。[18]

放送法による番組内容の規制は、質的な規制が主であったが、一方で量的な規制が、電波法に基づいて許可される放送免許の付帯条件に示された。日本教育テレビは、「教育」五三%以上・「教養」三〇%以上・「報道」「その他」「広告」それぞれ若干とされた。[19] 日本教育テレビに対して種別量が示されたのは、免許の付帯条件においてのみであり、番組基準などに量は示されなかった。

番組種別の規定には、三つの水準が存在した。放送法、電波法、放送法の定めに基づく日本教育テレビ独自の番組基準の三つである。以下、順にみていく。

まず放送法には、教育番組に関していくつかの具体的な要件が示されていた。[20] 金澤薫のまとめによると、教育番組には「学校教育又は社会教育のための放送の放送番組」があり[21]（以下、学校放送番組と社会教育番組）、教育番組は「①その対象とする者が明確であること ②（略）組織的かつ継続的であるようにすること ③その放送の計画及び内容をあらかじめ公衆が知ることができるようにすること[22]」の三つが要件であった。さらに学校放送番組については、「その内容が学校教育に関する法令の定める教育課程の基準に準拠すること[23]」も要件とされた。これに対して、放送法における教養番組の定義は、「教育番組以外の放送番組であって、国民の一般的教養の向上を直接の目的とするもの[24]」と曖昧であった。また、教養番組を含む教育番組以外の番組については、必要な要件は皆無であった。商業放送である日本教育テレビでは、無料のテキストを配布するなどのコストが発生する教育番組よりも、コストのかからない教養番組やその他の番組が志向されたのは容易に想像できる。

次に電波法は、送り手に対し、免許の申請時に番組の「編成方針」を申告し、放送後に報告することを義務付けていた。[25] 日本教育テレビがジャーナリズムや国会の委員会などにおいてたびたび批判された分類の恣意性は、実際の放送内容と「申告」や「報告」における種別との乖離を指摘したものであった。

電波法のもと許可された放送免許には付帯条件が示されることがあり、「教育番組」ならびに「教養番組」についても注記が付された。「教育番組」は以下の要件を満たすことが求められた。

1　健全な国民としての知識・態度・習慣・技能等の資質をつちかうのに直接役だたせようとする積極的意図のもとに編成されること。
2　したがって、また上の資質をつちかうような内容のものであって、人文・自然・社会科学等の内容の配分が適正であり、また系統的に配列されていること。
3　学校種別・学年別・性別・職業別・年令等による対象区分を明確にしていること。
4　それぞれの課程およびそれに該当する基準に準拠し、計画的、組織的および継続的に行われること。
5　以上の結果、原則として、次の事項を伴うものであること。
（1）放送内容をあらかじめ知ることができるような措置がなされていること。
（2）放送の意図が達成されたかどうかを確認するような措置がなされていること。〈26〉

放送法の規定と重複する部分はあるが、より詳細に記述されている。しかしながら形式については具体的な指示があるものの、内容については「健全な国民としての知識・態度・習慣・技能等の資質をつちかう」とされるのみで、曖昧であった。以下は「教養番組」についての要件である。

1　職業や専門をこえて学問や芸術など一般精神文化に対する理解・知見を深め、それによって人間の諸能力を全体として調和的に発達させ、円満な人格を培養するのに役だたせようとする積極的な意図のもとに編成されること。
2　したがってまた、上の諸能力を培養をするような内容のものであって、人文・自然・社会科学等の内容の配分が適正であること。必ずしも系統的に配列されていることを要しない。

なお識別の基準としては、知見を広め、豊かな情操をつちかい、倫理性を高め、または生活の向上に資するものであるかどうかが考慮されることが必要である。

（風教上好ましくないもの、残酷汚わいにわたるもの、安易な模倣を誘発し、社会的に悪影響を及ぼすおそれのあるものは、もちろん排除される。）

3　対象が不特定たるを妨げないこと。[27]

「教養番組」は、「学問や芸術など一般精神文化に対する理解・知見を深め、それによって人間の諸能力を全体として調和的に発達させ、円満な人格を培養する」ような内容であり、さらに「識別の基準」として「知見を広め、豊かな情操をつちかい、倫理性を高め、または生活の向上に資するもの」であることが定められた。教育番組同様に、教養番組も内容についての規定は曖昧であった。

電波監理局自らが編む『放送総鑑』は、放送関連の法解釈や運用の指針となるものである。『放送総鑑』は番組の内容について、放送法は「基本的な事項について概念的に規定しているにすぎない」「いかなる内容の番組基準を制定するかは、すべて放送事業者の自主性に任されている[28]」と明言している。個別の番組の具体的な内容の規定は、各送り手に委ねられていた。

番組種別の規定——制度に苦しんだ日本教育テレビ

日本教育テレビの番組基準である「日本教育テレビ番組基準」は、「教育番組」「教養番組」「娯楽番組」の三つについて、以下のように定義している。

①教育番組

特定対象を目標に計画的、組織的かつ継続的に編成実施するものとする

これは教室における学習を主とする学校放送番組と家庭、勤労の場所その他において行われる社会教育番組とに分かれる。

イ．学校放送番組

内容は基本的には文部省の定める学習指導要領の基準に準拠するが、教育現場の希望、意見を尊重して学生、生徒、児童などに親しまれるあらゆる内容と形式を活用し、教育的効果をはかるとともに、家庭において興味と関心の深いものとする。なお、学校の行う通信教育の普及にも寄与することをはかる。

ロ．社会教育番組

一般家庭における学習指導、職場および家庭における勤労青少年と成人を重点対象に、技術、職能、芸術、技芸産業などの専門教育および通信講座によって、現実に即し、興味と実益をもたらすよう計画的、組織的に編成実施する。この場合、青年学級、婦人学級、成人学級、公民館等の利用による教育効果の強化をはかる。

②教養番組

学校および社会教育以外のもので、一定の職場や特定の層にとらわれることなく、文芸、経済、科

学など国民生活のあらゆる領域において、広く一般国民の知見をひろめ情操を培い、倫理性を高めることによって、文化的生活の向上をはかることを目的とする。

③娯楽番組

演芸、芸能、音楽、文芸、美術その他により、喜びと慰めを提供し、健全なる社会生活の潤滑油の役割りを果たすものとする。ニュース、スポーツの報道、解説、実況中継、時事問題に関する論評など、テレビジャーナリズムの特性を活かし、迅速正確かつ中正なものとする。〈29〉

放送法、あるいは電波法等の規定を含みつつ、より具体的な規定となっている。特に内容については、放送法や電波法の規定が曖昧なのに対して、実際の放送番組にもっとも近い規定は、日本教育テレビ自らが定めた番組基準であった。

次に、日本教育テレビの番組基準について、以下の三点に着目してみていく。

（1）種別が三つのみである。

（2）種別のひとつが「娯楽番組」である。

（3）放送免許の付帯条件に示された種別と表記が異なる。

以上の三点である。以下、個別にみていく。

（1）の種別の数であるが、日本教育テレビの放送免許上の種別は、既述のように、「広告」を除くと「教育」「教養」「報道」「その他」の四つであった。日本教育テレビの番組基準に示された番組の数は三であり、数の上で異なる。

（2）の「娯楽番組」については、日本教育テレビの放送免許の付帯条件に、「娯楽」という種別は示されていなかった。つまり、免許上にない種別に類似した番組が、番組基準に存在した。

（3）の種別の表記については、既述の通り、免許の付帯条件における表記は「教育」「教養」「報道」「その他」「広告」であったが、一方の番組基準上の表記は「教育番組」「教養番組」「娯楽番組」であり、それぞれの表記が異なっていた。例えば、教育についてみれば、免許上は「教育」という種別で示されたが、番組基準では「教育番組」という番組として示された。前者の「教育」と後者の「教育番組」が同一なのか否かは、明確には示されなかった。また、「教養」に相当すると思われる番組「教養番組」がある一方で、「報道」「その他」に相当すると思われる番組の規定は、日本教育テレビの番組基準上に存在せず、「娯楽番組」に相当するであろう種別も存在しなかった。

種別規定に潜む報道の娯楽化

そもそも番組種別とは何か。番組種別は、番組に含まれる要素といったもので、ひとつの番組が複数の種別を含む分類も可能であった。例えば、日本テレビ・読売テレビ共同制作のニュースショー《11PM》は、「娯楽」六〇％・「教養」三五％・「報道」五％に分類された。[30]《11PM》の場合、ひとつの番組に三つの種別が含まれていた。したがって「教育」は必ずしも教育番組を意味せず、「教養」は必ずしも教養番組ではなかった。番組としては教育番組であっても、「教育」以外の「教養」「娯楽」などの種別が含まれることがありえた。

しかしながら日本教育テレビは、ひとつの番組を単一の種別に分類していた。[31]したがって、免許上の種

図 1-1　日本教育テレビの番組基準と番組種別の対応

別と番組基準の番組は、一対一の対応関係にあった。つまり「教育」は「教育番組」を指し、「教養」は「教養番組」を意味した。以上から、日本教育テレビにおける番組基準と放送免許上の番組種別の対応関係は、図のようになる（図1-1）。図から明らかなように、日本教育テレビにおける娯楽番組は、番組種別の「報道」と「その他」を合わせたものと合致していた。

娯楽番組＝「報道」＋「その他」という関係は、日本教育テレビの番組基準の文言にも表れていた。番組基準における娯楽番組の定義の後半部分は、「ニュース、スポーツの報道、解説、実況中継、時事問題に関する論評など、テレビジャーナリズムの特性を活かし」[32]となっており、実質的に「報道」であるかのような表現となっている。日本民間放送連盟の『民間放送十年史』（一九六一）によれば、日本教育テレビの番組基準は、開局の準備期間に「番組編成基準」として定められ、すでに一九五八年頃から「自主的に実施しており、現在にも及んでいるもの」であった。[33]日本教育テレビの番組基準は、「報道」が娯楽番組に含まれるような読み替えが可能な定義となっていたが、それは本放送以前の設立当初から定められていた。

「報道」を娯楽番組に含める読み替えは、初期日本教育テレビの理論的中心人物であった金澤覚太郎の学術論文にも表れている。[34] 金澤は、満州の新京中央放送局・満州放送総局などで広告放送を経験し、その経験を生かしてラジオ東京の設立に参画した後に、日本教育テレビに移籍した。後に、放送研究者となっている。金澤は、一九六〇年に公刊された自らの論文において、日本教育テレビにおける番組基準は三つではなく四つだとし、娯楽番組の定義を二つに分け、後半部分に該当する「ニュース、スポーツの報道、解説、実況中継、時事問題に関する論評など、テレビジャーナリズムの特性を活かし、迅速正確且つ中正なものとする」の部分を「報道番組」として別記している。[35] 金澤は日本教育テレビが本放送を開始する前年の一九五八年に、テレビ研究誌に論文を寄せている。その論文において、アメリカの教育テレビの普及が停滞していることに言及し、停滞の要因を「スポンサー・システムを避けたし、割当チャンネルがノン・コマーシャル専用であるため、放送局の建設費も運営費も、広告放送収入によることができず[36]」などと分析している。金澤は、テレビ放送における広告の有用性を認識し[37]、そのためには「娯楽」の要素が重要であると考えていた。

　番組種別の「報道」が娯楽番組に含まれるという金澤の認識は、日本教育テレビ内の各主体にもみられる。日本の通信行政を所管するのは、逓信省、郵政省、そして現在の総務省へと推移したが、日本教育テレビの知識洋治は、郵政省の電波監理局に対して提出した報告書上の番組種別を「教育、教養、娯楽の三種類[38]」としている。日本教育テレビ社長・大川博は、郵政大臣・迫水久常への報告において、「免許基準の教育五三%、教養三〇%、娯楽一七%のワクを守ります[39]」(強調筆者)と述べている。日本教育テレビに「娯楽番組」は存在したが、番組種別上の「娯楽」は存在しなかった。

　以上のように、日本教育テレビでは番組種別の読み替えが行われ、その読み替えによって、報道は娯楽に内包されていた。そしてその読み替えは、本放送開始前の設立時から企図されたものであった。

2 番組種別をめぐる議論――何が問題とされたのか

テレビ番組を種別分類することは可能か

番組種別の量的規制は、種別の分類が可能であることを前提としている。すべての番組をいくつかの種別に分類した上で、種別ごとの放送時間を集計し、比率を算出することが可能であるという前提である。しかしながら種別分類の難しさについては、当時から多くの研究者・評論家・当局・送り手などが言明していた。まずは、それら種別分類の困難性についての議論を整理しつつ概観する。

日本教育テレビの金澤覚太郎は種別分類の難しさを、特に教育放送と教養放送について、「結局、個々の番組の具体的内容について、いちいちその目的意図の価値判断を決定してかからねばできない性質のものが多い[40]」としている。日本の視聴覚教育を推進した心理学者・波多野完治は、日本教育テレビの開局にあたり、「どのように区別するかについては、人によって、いろいろ意見もわかれる[41]」とした。後藤和彦は、「的確な番組カテゴリーがすでに定立されているかどうか（略）カテゴリーそのものおよび番組種別間の比率についての議論はまったく不十分である[42]」としている。研究者は総体的に種別の難しさを指摘している。藤竹暁も視聴率について論じるなかで、「「番組区分」の曖昧さ[43]」に言及している。

国会の委員会でも同様の認識がみられる。電波監理局長であった宮川岸雄は、一九六五年四月一日の逓信委員会で、「教育、教養、娯楽ということにつきましては、一応はっきりと、どこでどういうふうに線を引くというのは、なかなかむずかしい問題であろうかと思います[44]」と述べている。一九七〇年三月一九日には、郵政省電波監理局長であった藤木栄が番組種別分類の妥当性について、「個々の番組につきまして、これがほんとうの意味の教育番組であるかどうかという判断は非常にむずかしいわけでございまして[45]」と述べている。一方で、社会党議員の森本靖は、「教育テレビ局であるかどうかということについては、これはほとんど全員一致して（略）娯楽テレビ局と変わりがないという解釈を持っておる[46]」などと、全体的な傾向としての「娯楽化」を指摘した。

曖昧な定義と恣意的な分類

次に、種別の定義を確認しておきたい。番組の種別の問題は「番組調和原則」とも呼ばれるが、前述のように、番組調和原則という言葉は法律上の文言ではない。一九五九年三月の放送法改正において、「教養番組又は教育番組並びに報道番組及び娯楽番組を設け、放送番組の相互の間の調和を保つようにしなければならない[47]」という表現がなされたに留まる。免許申請の手順等の詳細――例えば申請書類の雛型など――が掲載された郵政省電波監理局放送部『新・放送総鑑』（電波タイムス社、一九八三年）は、「放送法は、放送番組の種別（略）について概念的に規定しているにすぎない（略）いかなる番組基準を制定するかは、すべて放送事業者の自主性に任されている」としながらも、「民放連においては、全民放共通の指針となるよう「放送基準」を制定し、各社の参考に供している」と述べ、民放連の規定を定型とすることを示唆している[48]。

放送は、新聞などのメディア産業と異なり、放送免許が必要となる免許事業である。放送免許は電波法に基づいて与えられるが、電波法上は、免許の申請時に番組の「編成方針」を申告し[49]、放送後に報告しなければならないとされる。[50]『新・放送総鑑』には、具体的な番組種別の例が示され、どの番組をどの種別に分類すべきかが示唆されている。[51]

既述のように、放送法には、教育番組には三つの要件が示されている。日本教育テレビもその要件に従い、番組の「対象」を明らかにした上で、事前に内容を決めて告知していた。内容の告知は、『社会教育』などの教育雑誌や自社の有料広報誌『テレビ・メイト』[52]、あるいは無料の広報誌[53]などを用いて行われた。

一方で教養番組は「教育番組以外の放送番組であって、国民の一般的教養の向上を直接の目的とするもの」[54]と曖昧な定義であり、教育番組のような具体的な要件は皆無であった。

番組種別をめぐる議論

日本教育テレビが批判された種別の恣意的な分類とは、ある番組を、本来分類されるべき種別とは異なる種別へ意図的に分類したことを指す。しかしながら、何が「本来分類されるべき種別」かは、人によって異なった。そこで以下本節では、日本教育テレビをめぐる議論を、研究者、政治家と行政官、送り手の三つに分けてみていく。着目するのは、各主体が番組種別のいずれの境界を問題視したかである。当時の番組種別の議論では、「報道」などの種別は、少なくとも種別に関する議論においては、ほとんど問題になっていない。主に議論の対象となったのは、「教育」「娯楽」「教養」の三つであった。問題となった境界を図示すると、図の①から③となる（図1-2）。

以降で採りあげる議論においては、三つの水準があった。上位から、放送、番組、種別である。例えば、教育について議論する場合、放送という水準で語るならば「教育放送」となり、番組として語れば「教育番組」、番組に含まれる要素としてならば「教育」となる。例えば、ある論者は「教育放送」「教養放送」「娯楽放送」と述べているが、これは放送という水準での議論であり、水準を下げれば、番組または種別となる。種別をめぐる議論は、少なからず水準が混同され進んでいる。以下では操作的に、放送、番組、種別の三つの水準を同等とみなして検討する。[55]

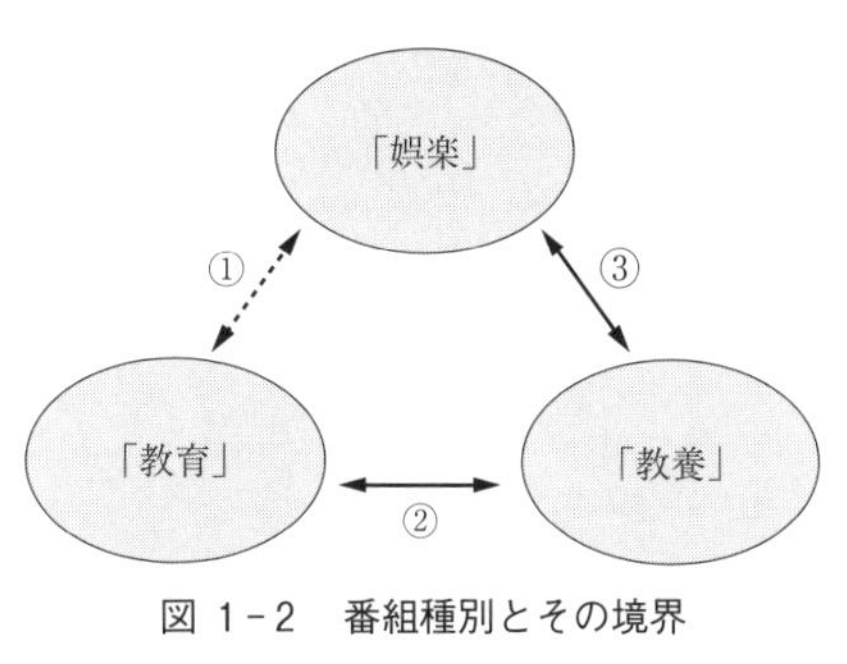

図 1－2　番組種別とその境界

政治・行政・アカデミズムにおける議論

既述のように、心理学者である波多野は日本教育テレビの開局にあたり、「教育番組と教養番組、また教養番組と娯楽番組とをどのように区別するかについては、人によって、いろいろ意見もわかれる」[56]と述べ、図1－2における境界の②と③を問題視した。マス・コミュニケーション研究者・堀川直義は、当局との認識のズレについて次のように述べている。「われわれからすれば、教育と教養の区別のほうが難しいと思うのだが、郵政省的見地に立つと、教育放送と教養放送の区別のほうが明らかで、かえって教養放送と娯楽放送の区別のほうが不明瞭である[57]」。堀川も、波多野と同じように、②と③の境界に言及している。堀川は、「音楽、舞踊、文芸、娯楽、スポーツも、それぞれ教育教養となるものは教育・教養の中へ組み入れられるから、その辺は解釈次第で、教養番組とすることができる[58]」とした。堀川によれば「教育教養となる」番組は、娯楽的であっても教養番組への分類が可能であった。開局時の日本教育テレビに在籍し、後に研究者となった白根孝之は、「教養」という種別の曖昧さについて、「「教育」とは区別されても、反対側に隣接する「娯楽」との境界線がはっきりしないことによるのではあるまいか[59]」と述べている。一九六五年の衆議院逓信委員会において、電波監理局長であった宮川は、「教育、教養、娯楽」の三つの種別にたびたび言及している[60]。一九六七年には、野球中継が「教養（番組）」に分類されるなどの恣意的な分類実態も指摘された[61]。一九七〇年三月一九日の参議院逓信委員会で、電波監理局長であった藤木は、「ことに教養番組といったことになりますというと、どこまでが教養であり、娯楽であり、あるいはまた教育であるといったことは私どもとしては非常にむずかしい問題でございます[62]」と述べている。

新聞はどうか。一九六四年四月二八日付『読売新聞』は、「娯楽性と教養性」というタイトルで日本教育テレビに言及している。同紙によれば、日本教育テレビは「教養性をたかめるという主旨のもとに[63]」免許を得たとした上で、「いったい教養性と娯楽性とを同時に合わせた作品があったであろうか」と、日本教育テレビの放送内容に対して疑義を呈している。同紙は、種別上の「娯楽」と「教養」の境界を問題視した[64]。

このようにみてくると、個別の種別については②と③、つまり「教育」と「教養」あるいは「教養」と「娯楽」が問題となる傾向が認められる。すなわち、アカデミズムと政治・行政が主に着目した種別の境界は、図1-2の三項対立のような関係ではなく、図1-3のような、三つの種別が隣接するイメージであった（図1-3）。「教育」と「娯楽」が両極にあり、その中間に「教養」が位置していた。「教養」は「教育」と「娯楽」の緩衝帯のようであり、「教育」と「娯楽」の境界が直接的に問題となることは少なかった。全体的な傾向として日本教育テレビの娯楽化を指摘しつつも、図1-3の関係における境界の曖昧さ、特に教養という種別の曖昧さを指摘するものが多かった。

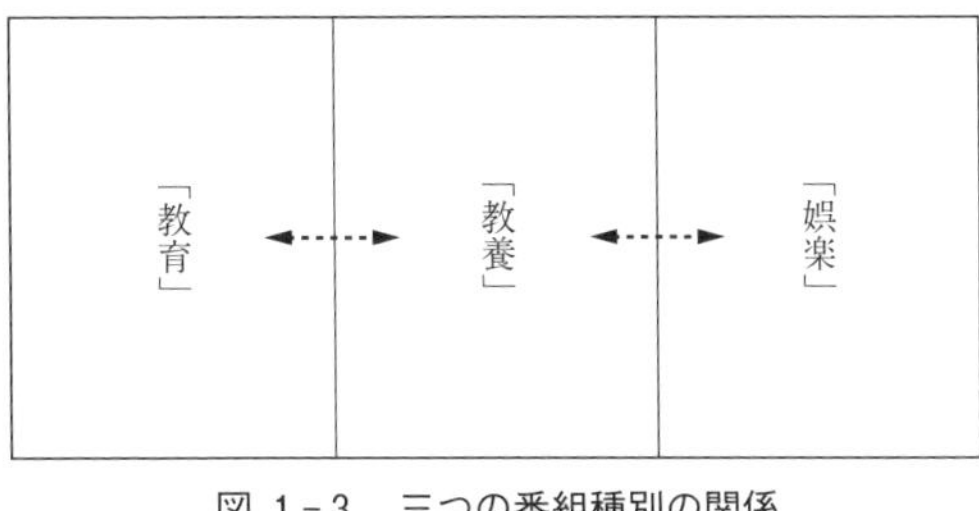

図1-3　三つの番組種別の関係

教育の拡大解釈――送り手内部における種別認識

次に、送り手の側における種別の認識をみていく。具体的な種別への言及をみていく前に、引用した人物について簡単に述べる。川越亨は日本教育テレビでアルバイトをした後、日経映画社を経てテレビ大阪に移籍（後に専務取締役）している。前出の知識洋治は、長く編成に籍を置き、外画部において映画番組などを担当した。日本教育テレビの泉毅一は、同局の開局にあたって朝日新聞社から移籍し、長く番組編成を担当した。松岡謙一郎は、写真の配信を中心とした通信会社・サンテレフォトの社長を務めた後、日本教育テレビの開局時の編成局長を務め、最終的には副社長となった。金澤覚太郎は、満州の新京中央放送局・満州放送総局などを経てラジオ東京の設立に参画し、その後に日本教育テレビに移籍した人物で、既述のように、日本教育テレビの理論的中心人物であった。以下、具体的な言及をみていく。

川越亨は、当時の日本教育テレビ内部の種別認識について、「『アフタヌーンショー』、『木島則夫モーニングショー』、そして『徹子の部屋』も始まって、教育番組と称して、いろいろなバラエティーをスタートさせた[65]」（強調筆者）と語っている。知識洋治は、種別割合達成について、「午前中は『木島則夫モーニングショー』のあと昼ニュースまでは学校放送。しかしこれだけではとても五〇％には到達しない。担当者にとっては苦吟の連続[66]」と述べている。日本教育テレビに課された「教育」は、本放送開始時は五三％であったが、後に五〇％に軽減された。通常、分類は放送後に行われたが、「教育」五〇％をクリアするのは容易ではなかった。

泉毅一は、開局直前に「せまい意味での教育にこだわらず、家族みんなで楽しめるテレビにしたい[67]」と述べ、「教育」という種別の拡大解釈を行っていた。日本教育テレビは一九七三年に一般局化するが、その数年前から商業教育テレビにおける教育性が問題となっている。一九七二年、衆議院逓信委員会の小委員会に参考人として召喚された泉は、日本教育テレビの娯楽化について次のように証言した。

率直にいって日本教育テレビの番組の中に、民放連の放送基準に抵触しかねないものがなかったとは思っておりません。（略）私は、テレビ番組に対する好みについて（略）表向きと、実のところの本音にかなりの差のある（略）これが大部分の一般視聴者の実態であり、それが並の市井人、生活者としてあたりまえのことだろうというだけなのであります。（略）多種多様な視聴者大衆のピラミッドの底辺に広く受け入れられるのはどんな番組であろうかということに、骨身をけずる思いをするわけであります[68]。

一九六〇年代には全国的にテレビ局が増加し、民放のネットワークが拡大していった。それとともに、民放連は放送基準を見直し、各局は自社の基準を民放連の基準に合わせるようになっていった。泉のいう

「民放連の放送基準に抵触しかねないもの」は、種別上の越境も含まれると推察される。送り手である日本教育テレビは、大衆の「本音」としての要求に積極的に応えようとしていた。前年の一九七一年には、松岡謙一郎が国会小委員会で次のような証言を行っている。

われわれの対象としている視聴者というものは（略）ピラミッドの底辺に近いと申しますか、知識水準の点で比べればさらに低い線と申しますか、非常に大きな数の人たちというものは視聴者の中でわれわれが日常考えておるよりもだいぶ下の線でものを判読したり理解したりしておるということの現実だと思います。（中略）この底辺に対して働きかけてこの水準を上げるということが作業量の大きさからいいますと圧倒的にわれわれの仕事に重要な意味を持っている。[69]

泉や松岡の喚問は、商業教育局である日本教育テレビの娯楽化を問題視する社会全体の声を背景に行われたが、娯楽化あるいは種別の越境は、広告モデルを採用した商業教育局が視聴者に訴求する上において、実際上は必要不可欠であった。

日本教育テレビ開局前年の一九五八年、同局の金澤覚太郎は次のように語っている。「教育教養に主眼点を置いた総合的な番組、言い換えると、健全娯楽も含めた番組、あるいは教育ということばを最も広げて解釈して、一種の総合雑誌的な、総合版的な番組ということで進めたいというのが現在の目標です」[70]。既述のように、金澤は「報道」を娯楽番組に内包することを志向したが、金澤はさらに「娯楽」を含めた多様な要素を「教育」に取り込むことを目指していた。また金澤は、「教養番組と娯楽番組の識別」につ

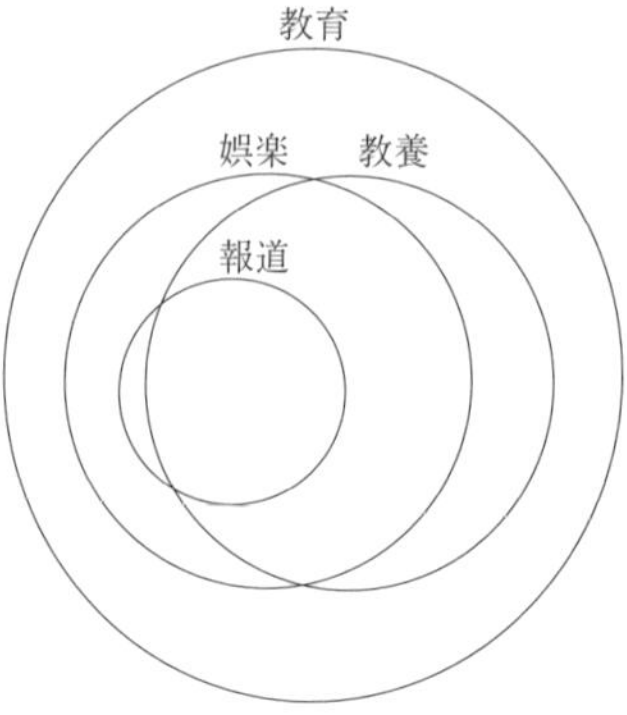

いて、「education と entertainment の二つの要素のどちらが重いかによってみなければ、娯楽的要素のない教養番組も、教養的裏打ちのない娯楽番組も、どちらもつまらない、おもしろくないものとなろう[71]」と述べ、教養番組には娯楽の要素があり、同様に、娯楽番組にも教養の要素があるのが望ましいとしている。金澤にとって、教養番組と娯楽番組は対立したものではなく、むしろ重なり合うものであった。金澤は、一九七〇年公刊の自著において次のように記述している。

図 1－4　金澤覚太郎の番組種別概念

> 広義教育的要素を盛りこんだ番組の比重が強ければ、いわゆる娯楽、報道番組など、従来のカテゴリーに含まれていたものでも、それを教育的番組として扱っても、誰も異存を唱えるものはあるまい。このような意識に立つことによって、民放は、従来タブーのごとく考えていた教育番組を、民放自身こころ安らかに、しかも社会的信念をもってスポンサーを説得し、精力的に制作する意欲をもつようになるであろう[72]。（強調筆者）

金澤は泉同様に、教育を広義に捉えた上で、「娯楽」と「報道番組」などを「教育的番組」として扱うことを提唱していた。図1-4は、筆者が金澤の種別概念を図式化したものである。「報道」は「娯楽」に含まれ、「娯楽」と「教養」は大きく重なり合い、それら全体を包含する形で広義の「教育」が存在した。アカデミズムや国会では、「教育」と「娯楽」の間に「教養」が位置するような議論がなされていたが、送り手に共通していたのは「教育」の拡大解釈であり、その背景には、視聴者に対する訴求の飽くなき追求があった。

3　読み替えられた番組種別

本節では、日本教育テレビがどのように番組ごとの要件を満たしていったのかをみていく。それによって、商業教育局が自らに対する番組種別の要件をどのように読み替え、結果として、番組種別が形式上どのような量的変化を遂げたのかについて検討する。ただし、いつ、どの番組が、どの種別に分類されていたのかは公表されていない。したがって、送り手の言及と日本教育テレビの組織としての動きをすり合わせて推察していく。

減少する学校放送番組と増加する社会教育番組

既述のように、一九六〇年代に、民放各局はネットワークの拡大を志向した。理由を端的にいえば、経済学でいうところの「規模の経済」、一般的にスケールメリットといってよいだろう。各局がローカル局として、それぞれ単独で番組を制作・営業するよりも、一種の企業連合として協調的に行った方が、経済的メリットが大きいのは自明である。

ネットワークが有効なのは、学校放送番組をはじめとした教育番組においても同じであった。日本教育テレビは学校放送番組の収支を改善するため、教育ネットワークの拡大を目指した。[73]「企画制作、セールス、視聴率調査などをそれぞれが分担し合い、積極的にフィールドを拡大していく」ための全国的な組織として、一九六二年一月一日、日本教育テレビは民間放送教育協議会を「任意団体としてスタート」[74]させている。学校放送番組を中心とした教育番組の普及を目指す任意団体であった。同年、民間放送教育協議会の加盟局は二二局と大幅に増加している。

しかしながら翌一九六三年、日本教育テレビは臨時放送関係法制調査会に対して「放送法改正に対する要望」[75]を提出している。日本教育テレビの要望は「一般局化」[76]であった。教育の二文字を含んだ局名そのものが、「スポンサーに敬遠され、売り上げ不振の原因」[77]であった。元日本教育テレビの営業担当者によれば、教育番組や教養番組どころか、「娯楽番組さえ思うようにセールス出来ない状況」[78]だったという。一九六〇年一一月、新社長に就任した大川博は、「対外的な局名の呼称」を日本教育テレビから「NETテレビ」に改めている。[79]局名から教育の二文字を削除し、「それまでのステーション・イメージ」を薄めるのが目的であった。「それまでのステーション・イメージ」とは、教育に他ならなかった。

「教育」「教養」の量的規制は、イメージ以外にも様々な制約となっていた。日本教育テレビは他局との競争のなかで放送時間を延長していったが、教育専門局ゆえに「教育・教養番組を増やさなければ」ならず、「教育」「教養」の量的規制は「大きな経営的負担」となっていた。[80]種別の量的規制は、絶対量ではなく割合で示されたため、放送時間を延長するには相当量の新たな教育番組を放送する必要があった。

教育番組には学校放送番組と社会教育番組があるが、なかでも学校放送番組の視聴率は極めて低く、スポンサーはほとんどつかなかった。[81]放送評論家の志賀信夫は、視聴率あるいは放送局の売上などについて論じるなかで、「NETテレビとなると、午前中に学校放送をかかえているだけに悩みもまた深刻」[82]と述べている。さらに学校放送番組については、児童をはじめとした学習者に対する影響を鑑み、どこにCMを配置するか、番組中のCMを何秒までとするか、提供スポンサーのスーパーインポーズを何回までとするかなど、「さまざまな制約」が課されていた[83]。

結果として学校放送の収支は改善せず、テレビ朝日の社史によれば、「60年度の学校放送番組の総制作費が3億1000万円であるのに対し、年間の営業収入は9300万円だったため、差し引き2億800万円の赤字[84]」だったという。その後も「学校放送番組の赤字は年間億単位で累積」し続けた[85]。

1節で示したように、放送法は教育番組に対して多くの要件を定めていた。日本教育テレビは、これら放送法の要件をクリアするために、どのような方策をとったのか。「①その対象とする者が明確であること」については、番組編成あるいは番組制作上において、送り手が任意に設定できた。次に「②(略)組織的かつ継続的であるようにすること」については、「学校教育」において実験校などを組織した[86]。幼児生活教育番組《げんきいっぱい》では「番組制作委員会」が設置され、「文部省の担当官や幼稚園の園長達」が委員を務め、委員によって「決めたテーマに添って、ストーリーから、見ている園児達に何を教えるのか、更に、番組を見せた後の指導法までがこと細かに[87]」指定された。小学校以上を対象にした学校放送番組は、幼児向け以上に制約が大きかったという指摘もある[88]。また、「③その放送の計画及び内容をあらかじめ公衆が知ることができるようにすること」については、カリキュラムや放送予定が用意された。「学校放送」についてはテキストなどを無料配布し[89]、「社会教育」を含む番組については、無料の広報紙を配布、あるいは有料の広報誌[90]を販売した。一部は有料とはいえ、ほとんどの施策によってコストは増加した。

教育番組はコストが負担となるだけでなく、視聴率も望めなかった。文部省当局も、「教育」が送り手の重荷になっていることを認識していた。文部省は、自らが一九六八年に公刊した『教育と放送』のなかで、「民間放送のテレビジョンによる教育、教養番組の視聴率も、一般的にはけっして高いとはいえない」とした上で、「とくに対象がはっきりしていて、内容が系統的にとりあげられる番組、すなわち放送法に定められた教育番組としての要件をそなえた番組ほど視聴率が低い傾向が見られる[91]」と述べている。「教育」「教養」のうち、もっとも要件が多く、なおかつ厳密なのは「学校教育」であり、次いで「社会教育」、もっとも緩かったのが「教養」であった。

日本教育テレビは経済的要求から、番組編成の変更を余儀なくされる。元日本教育テレビの小田久榮門によれば、日本教育テレビの番組編成は徐々に「総合編成」、つまり「報道、生活実用、娯楽、教養、歌、バラエティなどさまざまなジャンルの番組を総合的に」編成するようになっていった[92]。さらに一九六七年、日本教育テレビは民間放送教育協議会を解散し、「国家的な助成を受け入れて[93]」、文部省認可の財団法人として、新たに民間放送教育協会（以下、民教協）を発足させた。民教協が普及対象とするのは、民間放送教育協議会が推進しようとした学校教育関連の番組ではなく、社会教育に相当する「生涯教育」関連の番組であった[94]。一九六六年、日本教育テレビは番組編成の戦略上、女性を主なターゲットとした編成戦略「M・Mライン[95]」へと路線変更している。「M・Mライン」の二つの「M」は、「Miss」と「Mrs」の頭文字であった。生涯教育路線を採用した日本教育テレビにとって、女性は最重要の視聴対象であった。

以上から日本教育テレビでは、約一五年間の種別割合の変化として、学校放送の減少が指摘できるが[96]、一方で「教育」全体の割合が規定されていたため[97]、学校放送番組の減少は社会教育番組の増加を意味した。

定義の曖昧な教養番組

既述のように、教育番組はコストの増加を伴った。一方、教養番組や娯楽番組は、テキストの配布などは不要であった[98]。元日本教育テレビの石橋清によれば、教養番組は「教育番組より更に漠然としていて的を絞ることが困難であったが（略）逆にその難しい点を利用[99]」して、量的規制をクリアしたという。日本教育テレビの教養番組の基準は、「学校および社会教育以外のもので、一定の職場や特定の層にとらわれることなく[100]」といった曖昧なものであった。曖昧な定義は種別分類の自由度が高く、種別の量的規制をクリアする上で有利に働いた。

ゴールデンタイム以外はすべて「教育」と「教養」

大川博は一九六二年、夜七時から一〇時のゴールデンタイムにおける番組種別については、経営上の必要から「ある程度まかせてもらわなければ[101]」ならないと当局に要求し、ゴールデンタイムの番組の「娯楽」への分類を示唆している。マス・メディアについても多くの論考がある評論家の塩沢茂は、大川が社長就任後の日本教育テレビの番組編成について、「「教育」の二文字が泣くような（略）番組で、アッという間にゴールデン・アワーが埋められた[102]」と述べている。2節でみたように、日本教育テレビに対する批判の多くも同局の娯楽化を指摘するものであった。

他局との厳しい競争は、視聴率だけでなく、放送時間という「売り場面積」の拡大ともなって表れた。

日本教育テレビも一日の総放送時間を延長していった。日本教育テレビの番組種別の規定量は、「教育」が五三％以上、「教養」が三〇％以上であった。「教育」「教養」をそれぞれ最低限の量に抑えたとすると、「教育」「教養」の合計は八三％となる。同局に「娯楽」という種別は存在しなかったが、「教育」「教養」以外のすべてが「娯楽」であったと解釈すると、「娯楽」は最大でも一七％しか許容されない。日本教育テレビの一日の総放送時間のピークは一八時間強（一九七一年）であったが、一八時間の一七％は約三時間にすぎない。つまり最大時でさえ、ゴールデンタイム（夜七時から一〇時）の放送だけで「娯楽」は規制量に達し、形式上はゴールデンタイム以外のすべての放送番組が「教育」「教養」に該当した。つまり、日本教育テレビのゴールデンタイム以外の番組は、基本的にすべて「教育」あるいは「教養」に該当したことになる。日本教育テレビは開局当初から、ゴールデンタイムの放送を行い、その後に早朝・午後・深夜と放送時間を延長していったが、これら早朝・午後・深夜に編成された番組は「教育」「教養」に該当したと考えられる。

1節でみたように、日本教育テレビでは、娯楽番組＝「報道」＋「その他」という関係がみられ、これらの番組の拡大が志向された。しかしながら番組種別の量的規制により、娯楽番組＝「報道」＋「その他」は、最大一七％しか許されなかった。さらなる「報道」の娯楽化を目指すには、形式上の「社会教育」あるいは「教養」という種別の枠内で行う必要があった。

以上、日本教育テレビにおける番組種別の規定と種別に関する言及、さらには日本教育テレビにおける番組種別に関する要件を満たすための方策をみてきた。それらの分析から、本章では以下が明らかとなった。

日本教育テレビの内部では教育の拡大解釈がなされると同時に「報道」の娯楽化が企図された。さらに、教育の拡大解釈と「報道」の娯楽化は、本放送開始前から企図されていた。しかしながら種別の量的規制が存在したため、娯楽番組と教養番組の増加は形式上において限定的であった。一方で、種別の量的規制は学校放送番組と社会教育番組ごとに定められていなかったため、結果的に、日本教育テレビの学校放送番組は割合の上で減少し、社会教育番組が増加した。

社会教育番組の増加は、どのような番組編成の変化となって現れたのか。第二章以降では、具体的な番組ジャンルをみていこう。

第二章　外国テレビ映画で海外文化を学ぶ

後発の日本教育テレビは、一九五九年の本放送開始当初から、番組コンテンツの不足に悩まされた。先発の日本テレビやラジオ東京テレビがそうであったように、日本教育テレビは海外のフィルム・コンテンツを求めた。一般に「外国テレビ映画」と呼ばれるジャンルであるが、日本教育テレビの外国テレビ映画は、放送直後から大きな人気を得た。

一九六〇年代半ばになると、外国テレビ映画が枯渇する。調達される番組コンテンツは、テレビ映画から洋画へシフトした。日本教育テレビが放映した洋画も大きな人気を得て、日本教育テレビは「洋画のＮＥＴ」などと呼ばれた。

日本教育テレビで放送された外国テレビ映画には、解説者による解説が付加された。外国テレビ映画を「教育」に分類するためであった。

また、外国テレビ映画や洋画の放送にあたっては、映像翻訳が必要であった。映像翻訳は字幕と吹き替えに大別されるが、テレビに先行した映画では、字幕が一般的であった。日本教育テレビは映画と異なり、吹き替えを選択した。一方で、公共放送のNHKは字幕を選択した。一九六〇年代を通じて、テレビにおける映像翻訳の方式は議論の対象となったが、最終的には、テレビにおいては吹き替えが標準となった。受け手は、吹き替えという形式を通じて商業教育局に何を求め、日本教育テレビという送り手はどのような意志をもって吹き替えの形式を変化させていったのか。これらの分析を通じて、受け手がテレビの「社会教育」に求めた要件について検討する。

本書における外国テレビ映画の定義を再掲する。外国テレビ映画は、アメリカやヨーロッパなどの海外でテレビ放送を前提に製作された四五分以上のドラマ作品とする。また洋画の定義は、アメリカやヨーロッパなどの海外で劇場での上映を前提に製作された映画作品とする。

1　テレビ草創期の映像翻訳——字幕のNHKと吹き替えの民放

生か録音か——吹き替え初期の試行

一九五三年、NHK（当時は東京テレビジョン）に続いて日本テレビが開局し、日本国内におけるテレビの本放送が始まった[1]。二年後の一九五五年、ラジオ東京テレビが開局し[2]、関東圏では一九五九年まで三局体制が続く。番組が不足していた三局は[3]、番組を外部に求める必要があったが、放送用VTRの普及以前においては、映像が保存できるのはフィルムだけであった。しかし国内の映画会社はテレビを敵視しており、コンテンツの提供に消極的であった[4]。一方で、海外のフィルム・コンテンツは入手しやすかったが、日本国内で放送するためには、日本語へ翻訳する必要があった。NHKは、映画の上映と同じ字幕を選択したが、民放であるラジオ東京テレビと日本テレビは、吹き替えを試みる。

国内で最初に吹き替えられた番組が何であったかについては諸説あるが、ラジオ東京テレビと日本テレビがほぼ同時期に行ったという点では一致している。ラジオ東京テレビでは、一九五六年一一月放送の《まんがスーパーマン》が、吹き替えで放送された[5]。同番組は、アメリカ製の子ども向けアニメーションであった。

ラジオ東京テレビの吹き替えは、録音形式ではなく、生放送形式で行われた[6]。海外のフィルム映像を生で放送し、その映像に生で吹き替えの声と効果音を付加した。録音方式が主流となる後年から考えれば、生での吹き替えは奇異に映る。しかしながら、生放送主体のラジオを母体としたラジオ東京テレビにとっては、自然な選択であった。音声のみを制作する吹き替えは、ラジオドラマと同様とみなされた。しかし失敗がそのまま放送されてしまう生の吹き替えは、声優らに大きな負担となる[7]。また、時に郵政省や電波監理局への報告が必要となる放送事故は、放送局にとって大きな問題であった。

ラジオ東京テレビが吹き替えを試行したのと同じ一九五六年、日本テレビも吹き替えによる放送を試みている[8]。日本テレビにおける吹き替えの方式は、当初から録音方式であった[9]。日本テレビにおける最初の吹き替えは、ラジオ東京テレビ同様に、子ども番組であった。外国人が「日本語をしゃべること自体がおかしい」という見方もあったが、「子供の番組だからよかろう」という意見が優勢になっていったという[10]。当時は、外国語による原音にあわせて「アナウンサーが語り手として物語を解説する[11]」のが一般的であり、吹き替えは避けられた。しかしながら「子供の番組」であれば、視聴者に許されると送り手は考えた。換言すれば、大人が視聴する番組では吹き替えは許されないと考えられていた。黒柳徹子や後の参議院議員である山東昭子も、子ども向け番組の声優やナレーターを務めた。

日本テレビの座談会によれば「子供の番組だから」許されると考えられたものが、もうひとつあった。それは、画面上の口の動きと吹き替えられた声のズレであった。口と声の同期は後にリップシンクと呼ばれるが、リップシンクがずれると視聴者は大きな違和感を覚えた[12]。初期の吹き替えにおいて、画面上の口の動きと吹き替えの声を同期させることは技術的に極めて困難であり、リップシンクのズレはたびたび生じた[13]。しかしながら子ども向け番組であれば、「多少ずれてもかまわない[14]」と送り手は考えた。録音方式における技術上の問題は徐々にクリアされ、結果的にラジオ東京テレビにおける生の吹き替えは「約1年半[15]」で姿を消す。吹き替えの方式は、速やかに録音方式に収斂する。

初期の吹き替えの問題は、技術的なものだけではなかった。翻訳そのものが多くの問題を抱えていた。声優の勝田久によれば、最初期の翻訳された台本は「直訳」で、「フィルムに全然合ってない」ものだったという[16]。画面上の外国人俳優の台詞と比べて、吹き替え台本の台詞の長さが異なり、収録現場で台詞を修正したり、アドリブで対応する必要があった。とり・みきは吹き替えに関して多くの著作があるが、彼によれば、初期の吹き替えを字幕版と比較すると、翻訳テクストが「全然違う[17]」ことも多かったという。声優の池田昌子も「翻訳もまだ慣れてなくて、けっこう直訳が多かった[18]」としている。

吹き替え台本の問題は、台詞の長さだけではなかった。勝田によれば「初期のころの翻訳者というのは、英語はわかったけど、日本語がわからない人が多かった[19]」。そのため日本語の表現上においても、修正が必要であった。勝田によれば「よってたかって台本を直していくのに、丸一日[20]」を要したという。池田も、

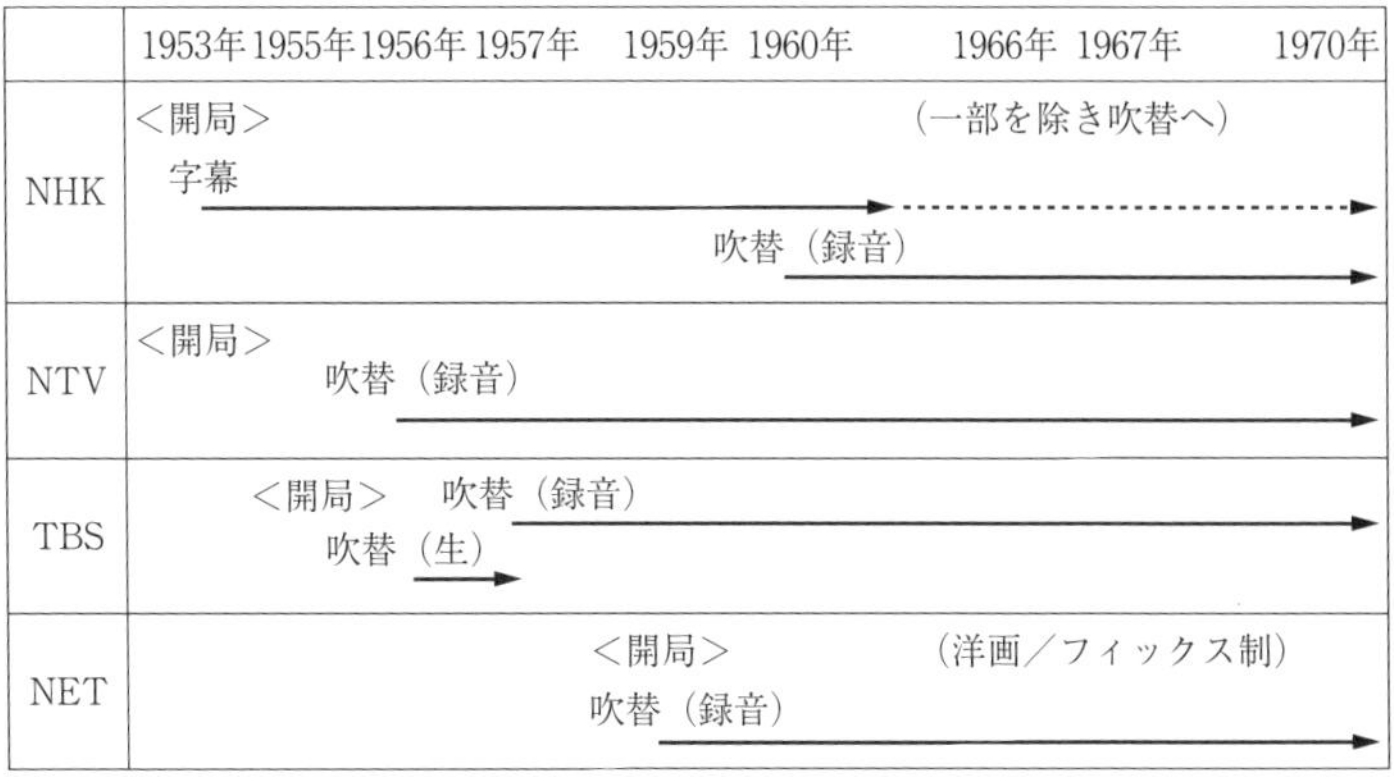

	1953年 1955年 1956年 1957年 1959年 1960年 1966年 1967年 1970年
NHK	<開局> 字幕 →（一部を除き吹替へ） 吹替（録音）→
NTV	<開局> 吹替（録音）→
TBS	<開局> 吹替（録音）→ 吹替（生）→
NET	<開局> 吹替（録音）→（洋画／フィックス制）

＊フジテレビとテレビ東京を除く。またNHKは，NHK教育テレビを含む

図 2-1　テレビ各局の映像翻訳の形式の変化

「やはり「日本語にする」というのが大事ですから、生きた日本語にしよう、血の通った日本語にしようというのが、みんなにあって[21]」と述べている。声優には様々な能力が徐々に求められるようになっていったが、そのひとつは収録現場における台詞の大幅な修正であった。それは、翻訳でいうところの等価、つまりは翻訳前後の意味が同じであることの軽視であり、また、原盤から吹き替え用の日本語台本を制作する、狭義の翻訳行為[22]の軽視でもあった。

原作に忠実であるべし——字幕を採用したＮＨＫ

一九五三年の開局当初から、ＮＨＫは劇場映画の放映にあたり、字幕を採用した。ここで、ＮＨＫ・日本テレビ（ＮＴＶ）・ラジオ東京テレビ（ＴＢＳ）先発三局と、後発の日本教育テレビ（ＮＥＴ）における翻訳形式の変化を、議論を先取りして図示する（図2-1）。周知の通りＮＨＫは公共放送、他の三局は民放である。

高い技術力を有したＮＨＫは、劇場公開時の字幕を流用せず、「送出する映像画面に字幕を重ねるという離れ業を演じた〈23〉」という。NHKはフィルムの映画本編を生で放送しつつ、独自に用意した字幕を生で付加した。「文字も大きく明瞭だった〈24〉」という字幕を可能にしたのは、「ダニング・アニマティック〈25〉」という字幕装置であった。ダニング・アニマティックは、「16ミリフィルムを手動のボタン操作で1コマずつ送ることができる特殊な幻灯機〈26〉」であった。開局以来、NHKでは「字幕制作の仕事は映画部の担当だった〈27〉」という。NHKの映画部には「英語、フランス語、ドイツ語など外国語に堪能な人たちが配属」され、各自は「字幕を自ら翻訳していた〈28〉」。

NHKが字幕を選択した理由は何だったのか。NHKの映画部に所属した伊藤孝子は、「日本語版制作費」の高いコストに言及している〈29〉。NHKは番組の購入にあたって民放ほどコストがかけられず、相対的にコストの高い吹き替えは避けられた。またNHKは、民放と異なり「視聴率をあまり気にしなくてよい〈30〉」との指摘もある〈31〉。相対的に視聴率を追求する必要が低いNHKでは、映画ファンなどの少数の視聴者の声に応える形で、低コストの字幕が選択された。

外部の人間は、NHKが字幕を選択した理由をどのようにみていたのか。映画評論家の乾直明は、NHKが《アイ・ラブ・ルーシー》（一九五七年〜）を字幕で放送した理由を、「会話が早く、スラングなどが多いので吹き換え(ママ)できない」「笑い声などの効果音が入る」などの「制約」によるとしている〈32〉。日本音声制作者連盟は、NHKが字幕を選択した理由として、「外国映画ファンの間では字幕は映像の一部と感じられるほど浸透していること」「芸術作品である映画のオリジナリティはできるだけ損ないたくないという思い」の二つを挙げ、「それはわが国の伝統的価値観であるオリジナル志向、本物志向にも通じていた」と結論付けている〈33〉。放送評論家の志賀信夫も「英語のせりふをきちんと聞いてもらいたかったから〈34〉」

を理由にあげている。ＮＨＫが字幕を選択した背景には、原作に忠実であることを重視する志向が存在し、それは吹き替えに対する批判と通底していた。[35]

映画ファンの強い反発――原音が聞けない吹き替え

翌一九五六年、日本テレビとラジオ東京テレビは、今度は大人向け番組で吹き替えを試みる。《ヒッチコック劇場》《ドラグネット》（ともに一九五七年〜）[36]を担当した日本テレビの大久保正雄は、吹き替えを採用した理由を「テレビの観客は、つまらなけりゃあ、さっさとスイッチを切っちまうでしょう。僕らは「とにかく見てもらいたい」立場なんで、だれでもが見やすいようにしなければならない」[37]と述べている。民放の映像翻訳において、わかりやすさは基本的な判断基準となっていた。

子ども向け番組での吹き替えは、わかりやすさが視聴者である子どもたちに好評であったが、大人向け番組における吹き替えは、一転して大きな批判を生む。大久保は、大人向け番組の吹き替えを始めた頃の批判について、「あの風当たりの強さ、脅迫めいたものも含めて、毎日のように反対意見の投書を受け取った」[38]と述べている。演出家の中野寛治は、「洋画というのは、インテリ層に外国の文化や風俗を伝える供給源でしたから、熱狂的な洋画ファンも多くて、しかも彼らは圧倒的に字幕（略）を推した」[39]と回顧している。吹き替えに対する批判の背景には、原作を改変してはならないという一部の視聴者の強い規範が存在し、それは映画の規範を踏襲したものであった。

映画ファンの強い支持——字幕を継続したＮＨＫ

民放と異なり、ＮＨＫは字幕による翻訳を継続した。《アイ・ラブ・ルーシー》（一九五七年〜）担当のＮＨＫの深瀬拡は、「少なくとも大人向けのアメリカ映画は、その映画の持ち味を生かす意味で、字幕のほうがいいんじゃないかと思います。かりにプロデューサーが映画の持ち味を完全につかんで吹き替えさせたとしても、真面目にその映画を味わうつもりの観客は満足するでしょうかね[40]」（強調筆者）と、吹き替えに対する懐疑を言明している。換言すれば、吹き替えでの視聴を希望する視聴者は、「真面目に映画を味わうつもり」がないと考えられた。

字幕を支持する声を要約すれば、原語による外国人俳優の声を聞くことができる、あるいは劇場で鑑賞する映画と同じ形式を求めるものであった。映画解説者の淀川長治は、洋画のテレビ放映について、「映画ファンの不満で、いちばん大きいのは吹き替えの問題[41]」としている。字幕に対する支持の背景には、音声的に原作を改変してはならないという強い規範が存在し、吹き替えに対する批判と同根であった。

しかしながら吹き替えに対する賛同も多く、全体としては賛否両論といった状況だった[42]。一九五七年六月二八日付『読売新聞』の投稿欄をみると、日本テレビやラジオ東京テレビの「テレビ用映画や漫画は、全部日本語に直してあるが、ＮＨＫテレビだけは画面に文字で出るだけで、セリフが出ない。不親切だ[43]」という吹き替えに対する賛成意見がある。その一方で、「ＮＨＫだけは従来通りタイトルを出して、その国の言葉でやって頂きたい[44]」など、吹き替えに対する反対意見もみられた。映画のように原語を聞きつつ画面上の字幕を読んで理解するのか、それとも吹き替えられた日本語を聞いて直接理解するのか。換言すれば、映画という前史の規範を踏襲するのか、それともテレビという新しいメディアにおける規範を生むのかの、いずれかであった。

吹き替えに反対する理由は、原語を聞くことができないことだけではなかった。リップシンクも大きな問題となった。声優の矢島正明は、「見事に口が合っているシーンが少しでも多いこと、そこにアテレコの見せ場があり、真髄があり、価値があった[45]」と述べている。アテレコとは吹き替えのことを指すが、矢島によれば「アテレコの当初の目標は、この最低の条件を満たすことにそれほど懸命に照準が合わされていた[46]」という。大人向けの外国テレビ映画に吹き替えが導入された初期において、リップシンクは強い規範となっていた[47]。

しかしながらリップシンクを厳密に管理するためには、声優だけでなく、演出家やミキサーの高いスキルが求められると同時に、録音・編集などのあらゆる機器の高い性能や機能が必要であった[48]。

2　商業教育局による吹き替えの普及──《ララミー牧場》と《ローハイド》

一九六〇年頃の低い吹き替え技術

一九五九年、後発局の開局により、関東圏で視聴できるテレビは六局に倍増する。競合他社の増加による競争の激化は、映像翻訳の在り方に影響を与えることになる。技術は、電子機器に代表されるテクノロジーと、職能としてのスキルに大別される。一九六〇年前後の吹き替えは、テクノロジーとスキルの双方において、後年に比べるとレベルが高いとはいえない状況にあった。テクノロジーの面でいえば、日本国内で初めて放送用ＶＴＲが輸入されたのは一九五八年のことであり[49]、極めて高価なＶＴＲの導入は一九六

○年前後において困難であった。編集も容易ではなく[50]、したがって、吹き替え収録の途中でミスをすれば最初からやり直さなければならなかった[51]。

スキルの面でいえば、声優の力量も高くはなかった。当時の吹き替えは、「朗読調[52]」と表現されるような「感情抜きの、淡々とした棒読み[53]」が多かった。台詞回しはエロキューションとも呼ばれるが、吹き替えの「独特なエロキューション」は「日本語とは思えないような妙なひびき」をもっており、総体的に不評であった[54]。視聴者は自然な発話を望んでいた。

この頃の外国テレビ映画の吹き替えを担当した声優は、新劇の俳優とラジオの声優が中心であった[55]。初期には、新派の俳優が担当することもあったが、当時の吹き替えの台詞は長いものが多く、台詞回しの遅い新派の俳優は不適であった。それに対して、新劇の俳優は台詞回しが早く、吹き替えに適していた。さらにラジオの声優は、台詞回しが自然で、より吹き替えに適していた。声優の若山弦蔵は、両者の違いを、「まず演技の質が違いますからね。大部分の新劇の連中の台詞は、やっぱり不自然な新劇調で。ラジオで育ったのは、もう少しホントの話し言葉に近い台詞を追求してましたから[56]」と表現する。声優には長い台詞への対応と自然な発話による表現が求められ、それによって結果的に淘汰が進んだ。

既述のように、原作に忠実であろうと、NHKは字幕を選択した。しかし一九五八年になると、NHKの映像翻訳に対する姿勢に変化がみられる。一九五八年三月『言語生活』誌上で、NHKラジオ局長の吉川義雄が、ラジオ東京・考査部長の岩井隆一らと鼎談を行っている。吉川は鼎談のなかで、「NHKはやっていないが、最後は吹替えて自国語でやるべき[57]」と、吹き替えによる映像翻訳を主張している。この鼎談で三者はともに、吹き替えを支持している。しかしながら、吹き替えを「上手にやった時は」という条件付きであった。吹き替えが一般化するには、スキルとテクノロジー双方の向上が必要であった。

太平洋テレビジョンという強力なパートナーの登場

一九五七年、旺文社・東映などが中心となって、東京教育テレビ（後の日本教育テレビ）が設立された[58]。同年、太平洋テレビジョン（PTC、以下太平洋テレビ）というプロダクションが、吹き替えによる外国テレビ映画の日本語版制作を開始した[59]。太平洋テレビは日本語版制作だけでなく、外国テレビ映画そのものの輸入事業や、声優や俳優のマネジメントも手がけた[60]。外国テレビ映画を吹き替えで放送するためには、（一）外国テレビ映画の輸入、（二）声優のキャスティング、（三）吹き替えの収録と編集の三つが必要であったが、太平洋テレビはすべてを自社で賄うことができた。

社長の清水昭はGHQでの勤務経験もあり[61]、英語が堪能であった。「当時、日本の各テレビ局や一流貿易商社は、NBCのエージェントの指定をうけようとして、猛運動を展開していた[62]」が、一九五七年太平洋テレビジョンは清水の高い英語力などによって、米ネットワークNBC代理店の地位を獲得している[63]。太平洋テレビジョンは「アッというまに、日本の三十八テレビ局のうち、三十四局にたいし、外国映画フィルムを配給するという、テレビ番組会社としては日本一の会社[64]」に急成長した。社長の清水は後に脱税容疑で逮捕されるが、その際に弁護人を務めた高田茂登男は、次のように述懐する。

昭和三十四年当時のテレビ界は、いまだ映画界と相容れず、したがって出演するタレントが乏しかった。清水はいち早くテレビ出演のタレントあつめに力を注いだ。その甲斐あって映画界からは、太平洋

図 2-2　日本教育テレビの社屋

テレビに所属を申し出る芸能人が流れ込み、当時の映画会社の社長会議ではしばしば「太平洋テレビ対策」が論議されるといったような一種の恐慌状態を招いた。（略）〔太平洋テレビの〕映画部では、映画監督の吉村公三郎を映画部長に迎えて、テレビ映画の製作をはじめるほか、カムカム英語の平川唯一を翻訳部長にすえて、フィルム番組の外国版および日本版の製作をおこない、さらに脚本家、小説家らを糾合して企画製作部をスタートさせるなど、活発な事業展開をはかっていた。[65]

一九五九年を頂点に、映画は凋落していく。同年、日本教育テレビが本放送を開始する。日本テレビやラジオ東京テレビがそうであったように、日本教育テレビも番組の不足を補うため、本放送開始直後から外国テレビ映画を編成した。日本教育テレビの知識洋治によれば、外国テレビ映画は一本三千ドルから五千ドル程度であり、一時間のテレビドラマを自社で制作する場合に比べて「はるかに安」く、「後発局のテレビ朝日にとっては「家貧しうして孝子出ず」の最たる企画であった」という。[66]

日本教育テレビの外国テレビ映画の輸入を担当したのは、太平洋テレビジョンであった。日本教育テレビは設立前から高い海外志向を有していた。日本教育テレビに対する放送免許は、複数の申請者を一本化する形で与えられた。そのうちの東映系の申請者は「国際テレビ」という名称で免許申請しており、映画だけでなく、テレビや動画（後のアニメーション）においても強い海外志向を有していた[67]。

日本教育テレビが開局した同一九五九年、NHK教育テレビとフジテレビが開局している。日本教育テレビとフジテレビの開局前後には、フィルム・コンテンツの輸入が急増している[68]。

日本教育テレビは外国テレビ映画の選定において、他局よりも有利な状況にあった。開局時の編成局長を務めた松岡謙一郎は、外務大臣・松岡洋右の長男であり、アメリカで出生していた。海外文化に造詣が深く、英語・フランス語が堪能な松岡は、翻訳なしで外国テレビ映画を視聴することができた[69]。松岡は選定しさえすれば「あとは専門家が全部やってくれる[70]」と述べている。松岡が目をつけた外国テレビ映画の「専門家」は、太平洋テレビジョンの清水であった。松岡は清水から大量のテレビ映画を買い付ける[71]。松岡は、放送にあたって吹き替えを選択した。「どんなに英語と縁の遠い人でも、日本語で役者がしゃべればわかる[72]」のが理由であった。吹き替えで放送された日本教育テレビの《ローハイド[73]》（一九五九年〜）や《ララミー牧場》（一九六〇年〜）は、同局の低い知名度にもかかわらず高い視聴率を得たが[74]、その根底には、吹き替えのわかりやすさがあった。太平洋テレビジョンは日本教育テレビの《ララミー牧場》で、本編の輸入だけでなく、日本語版制作も請け負った。同番組は日本で大ヒットしたが、本国のアメリカではヒットしなかった。日米双方のテレビ局は、日本における成功の主要因として、太平洋テレビジョンが制作した吹き替え日本語版の質の高さをあげた[75]。

太平洋テレビジョンを率いた社長の清水は、吹き替えを重視した。なかでも《ララミー牧場》への「熱の入れようは大変なもの」であり、「みずからスタジオに入って」演出したという[76]。声優の若山によれば、「テレビを観る人が薄気味悪く感じるほど、日本語の台詞を外国人の口に合わせろ」というのが清水の

「大方針」であった[77]。太平洋テレビジョンはリップシンクに対して極めて厳格であった。

日本人がわからなければ意味がない——日本文化への過度の同化

《ララミー牧場》では、これまでになかった大胆な吹き替えが行われた。演出を担当した春日正伸は、次のように述べている。

じつは徹底的に向こうの本を書き換えました。主人公のジェス（ロバート・フラー）とスリム（ジョン・スミス）をあくまでもヒーローにするために、完全に浪花節に本を書き換えたのです（略）全部話を日本的に書き換えたんです[78]。

《ララミー牧場》では「日本的に書き換え」られた翻訳にあわせて、過剰な演出がなされた。清水は《ララミー牧場》の声優に「浪曲師や歌舞伎役者」を起用し、「日本調で攻めた[79]」。「日本語版を作るってことは、日本人と波長が合わねばダメだ[80]」というのが、清水のポリシーであった。日本教育テレビの米田喜一によると、「ジェス役の久松保夫さん、あの人も独特の魅力ある低音の巻き舌で「おらよぉっ！」なんてやってました。またあれがよかった[81]」と述べている。一九六〇年前後の日本教育テレビと太平洋テレビジョンには、厳密なリップシンクだけでなく、日本文化への同化という規範が存在した。

日本文化への高い同化は、視聴者に大きな影響を及ぼした。淀川によれば、《ララミー牧場》の放送が開始されると、次のような体験をしたという。

いなかにいったら、「ジェスはよう上手に日本語をしゃべるのう」……ほんとうにジェスが日本語をしゃべっていると思っているんですね。[82]

淀川の体験談は、外国テレビ映画などにおける吹き替えが一般化した後年であれば、そのような勘違いはありえないことが前提となっている。さらに、テレビ映画そのものが撮影・編集されていることについての知識もなく、次のような勘違いも生じていた。

「たいへんですね。ユタからアリゾナ通ってニューメキシコまで、二人は半年も旅したんですよ」と説明したら、「映画つくるのもたいへんやなあ。半年かかって一本撮るんだから」……ずうっと、ついて歩いていると思っているのね。[83]

継続的に外国テレビ映画などに接触することで、後の視聴者は番組の形式や成り立ちを正しく理解するようになっていった。後のメディア・リテラシーにおける重要な観点のひとつは、メディアにおけるコンテンツは編集されているという点にある。吹き替えられた外国テレビ映画の視聴によって、メディアに対する理解が進むなどの「社会教育」的な効果が生じていた。

淀川は最初期から日本教育テレビの外国テレビ映画の解説を務めたが、解説が付加された理由のひとつは、番組種別の量的規制をクリアするためであった。日本教育テレビの知識洋治によれば、「「解説」があれば超娯楽大作も教育番組として放送しているという理由が書きやすいというのが「解説」をつけた大きな理由の一つ[84]」であった。

淀川は、外国テレビ映画の解説がうまくいかなかった場合に、「ローン・ウルフの話しなくて失敗したけど、お客さんにアラスカの勉強してもらったんだから、まあそれもいいじゃないか、というふうに考える[85]」（強調筆者）と述べている。また淀川は「カルフォルニアとはかかる土地でございましてという方法で、そのつまらん映画をも教材に使えぬことはない[86]」（強調筆者）とした。後年、淀川は、「映画はいろいろとあらゆる教材になります。そして今やテレビはもうどなたのうちにもあります[87]」と述べている。電波法などの制度は、教育番組において、「資質をつちかうのに直接役だたせようとする積極的意図」を送り手に求めたが[88]、解説者の淀川は、外国テレビ映画と解説の教育効果を強く自覚していた。

淀川のもつ視聴者に対する影響力は、送り手も意識していた。初代プロデューサーの酒井平は、次のように回顧している。

> 「洋画劇場」で忘れることのできないのは、なんといっても淀川さんの再登場です。淀川さんは『ララミー牧場』が38年の夏に終わっているので、3年間ブラウン管からはずれていました。しかしあのキャラクターは捨てがたい。そこで、しばらく充電していた淀川さんにまたぼくが出演願ったわけです（略）ぼくらは日本で映画を語るなら、とにかく映画が好きだという淀川さんのいちずな情熱が必要で、もう淀川さんしかいませんといって反対を押し切りました[89]。

編成トップの松岡謙一郎は、淀川の再起用に至る経緯を次のように表現した。

外国映画が日本の大衆に根づいてしまうためには、やはりその間をつなぐメディアがあったほうがいいのではないか、いや、なければいけない、ということです。だんだんそういう雰囲気が強くなってきて、それではそのメディアをどうするかということになりました。そこで、淀川長治さんが出てきたわけです。[90]

淀川は単なる解説者というよりも、番組の司会者と同じ存在感を示していた。日本教育テレビの渡邉實夫によると、「淀長さんのお陰で視聴率も上がり、局内に活気が出た」[91]という。渡邉によると、一九九九年のテレビ朝日の社報一月号は、「二ページにわたって彼への大掛かりな追悼文を載せた」。渡邉は、「創立以来、このような扱いをされた方を知らない。会社としても貢献度最高とみたからであろう」としている。視聴者は、吹き替えられた外国テレビ映画と解説を通じて、様々な欧米の文化や知識を摂取したが、視聴者の知識の増加は、反対に映像翻訳に影響を及ぼすようになる。映画の字幕を中心とした翻訳家の戸田奈津子は、視聴者の欧米文化に対する知識によって翻訳を変える必要があるという。

「高級ホテル」って訳すよりも「ウォルドルフ・アストリア」としたほうがずっと面白いわけです。つまりディティールが面白いわけですから。ですからなるべく生かしたいんですけれど、どれくらい知れ渡っているかというその判断がいつも難しいんです。（略）「スコッチ」を飲む男と「バーボン」を飲む男ではイメージが違いますよね。（略）それは知識が普及したからディティールの区別がわかるようになったわけです。[92]

戸田の主張する困難な状況が、吹き替えにおいても生じていたと推察される。[93] 視聴者の海外文化に対する知識の増加によって、吹き替えにおける日本文化への過剰な同化は徐々にみられなくなっていく。

3 外国人俳優と日本人声優の同一化——《日曜洋画劇場》

再燃した吹き替えへの反発——外国テレビ映画から洋画へ

日本教育テレビが牽引する形で、一九六〇年前後に大量の外国テレビ映画が放送された。映画評論家の乾によれば、一九六一年は「夜の番組の三分の一はアメリカ製テレビフィルムに占領され」、視聴率の上で外国テレビ映画はピークを迎えたという。[94] 映画評論家の阿部邦雄によれば、番組数のピークは一九六三年と一九六四年であった。[95]

そのような状況のなか「字幕放送にこだわっていた」NHKも、劇場用映画以外は徐々に吹き替えを行うようになる。[96] フジテレビ編成部長の片岡[97]は、「スーパーだとテレビの前にクギづけになってしまうし、ながら視聴が多くなっている現在、やはりアテレコでいく方が多くの人に喜ばれます」[98]と述べている。

外国テレビ映画の急増によって吹き替えが増加し、声優が不足する。[99] 声優の不足は、配役の「固定化」を招いた。一九六一年一〇月一三日付『読売新聞』には、「太った男の場合はA、老人の場合はB、夫人の場合はCといったふうに、吹き替えタレントが固定化しつつあって、映画の顔は違えど声は同じというような奇妙な現象をきたしている」[100]という視聴者の不満が掲載されている。属性ごとの「固定化」はマンネリとうつり、視聴者に不評であった。

一方で一九六〇年代半ばの声優の配役は、放送局や番組ごとに異なることも多かった[101]。つまり、同一の外国人俳優に同じ声優を配するのではなく、異なる声優を配する場合が多かった。異なる声優による吹き替えに対しては、声優の「固定化」以上に、多くの視聴者が不満を表明した[102]。視聴者は、同じ俳優であれば同じ声優による吹き替えを、違う俳優であれば違う声優による吹き替えを期待した。表は、『読売新聞』に掲載された、吹き替えに対して違和感を表明した視聴者の声である（表2-1）。ある視聴者は、「四時間前に同局の「パパ大好き」でも、同じ声の持ち主の出演なので（略）イメージがごっちゃになって、どちらにとってもマイナスになっている[103]」と不満を表明している。

一九六四年、日本科学技術振興財団テレビ事業本部（東京12チャンネル、現テレビ東京）が新たに開局した。同局も番組不足から、外国テレビ映画を求めた。競合他社の増加によって、外国テレビ映画の入手はより困難となる。しかしながら東京12チャンネルだけでなく、後発の日本教育テレビやフジテレビを含め、すべての番組を自社で制作することは困難であった。放送時間を延長するためには、送り手は新たな番組コンテンツを探し求める必要があった。

一九六〇年代半ば以降、各局は徐々に、洋画へシフトしていく。洋画への移行は、日本教育テレビにおいても生じていた。図は、日本教育テレビにおける外国テレビ映画と洋画の放送本数の変化である[104]（図2-3）。

外国テレビ映画の放送数は、外国テレビ映画の輸入に関する外貨規制がはじめて緩和された一九六一年以降急増し、一九六四－一九六五年にピークを迎え、外国テレビ映画の減少とともに洋画が増加していることがわかる。

表 2-1　テレビの吹き替えに対する視聴者の批判

新聞掲載日時	視聴者の投稿内容
1962年6月17日	ところが名画座でのふきかえはぜんぜん異質の声であった。同じ局での番組みの場合は，やはり同一人のふきかえを使った方がよいのではないか。
1964年4月22日	前にNETテレビでやっていたときには山内雅人がやっており，その声にみんなが親しんでいたのだから，東京12チャンネルでも山内雅人を使ってほしかった。
1965年8月7日	成功した吹き替えには，いつもその時の“声”を使ってくれると，見る方もホッとして，番組み担当者の心づかいというものがおしはかられる。
1965年8月20日	かくも急激に切り替えられると，ファンはとまどう。旧作フィルムでも，せめて“声”はなじみ深いものを残してほしい。
1965年10月18日	四時間前に同局の「パパ大好き」でも，同じ声の持ち主の出演なので（略）イメージがごっちゃになって，どちらにとってもマイナスになっている。
1967年11月25日	TBSでは「ミスター・ロバーツ」「サンセット77」のロジャー・スミスの声をイメージをこわさないように園井啓介にやらせているのに「ビーバーちゃん」は，どうしてちがうのでしょうか。
1967年8月23日	はじめにでてくる体操のおにいさんと同じ声なのが気にかかります。子どもも同じだと指摘しておりますので，別人にしたらいかがでしょうか。
1969年7月27日	両作品とも声の出演者が，まるでちがうのにはがっかりしました。同じ局からの放送なら統一することができなかったのでしょうか。
1969年7月29日	あまりにもプレスリーのイメージとかけ離れている。

＊『読売新聞』（朝刊，東京版）より筆者作成。

一九六六年日本教育テレビは、海外の劇場用映画をゴールデンタイムに編成する。《土曜洋画劇場》である。比較的新しい洋画をゴールデンタイム（夜七－一〇時）にレギュラーで編成するのは、初の試みであった。[105]《土曜洋画劇場》の翻訳形式は、吹き替えが選択された。[106]

日本教育テレビは一九五九年から外国テレビ映画の吹き替えを開始し、すでに七年ほどが経過していた。しかしながら洋画の吹き替えに対して、社内で大きな反対の声があがった。二〇一七年四月に行った筆者の聞き取り調査で、日本教育テレビで外国テレビ映画や洋画などを扱う外画部に籍をおいた知識洋治は、同番組の開始にあたり吹き替えの社内説得が「一番骨がおれた」[107]と答えている。同番組を担当した日本教育テレビの酒井平は「生の味というのを大事にしたいから、ぼくは吹き替えには抵抗があった」[108]という。番組の担当者自らが、洋画の吹き替えに反対であった。酒井

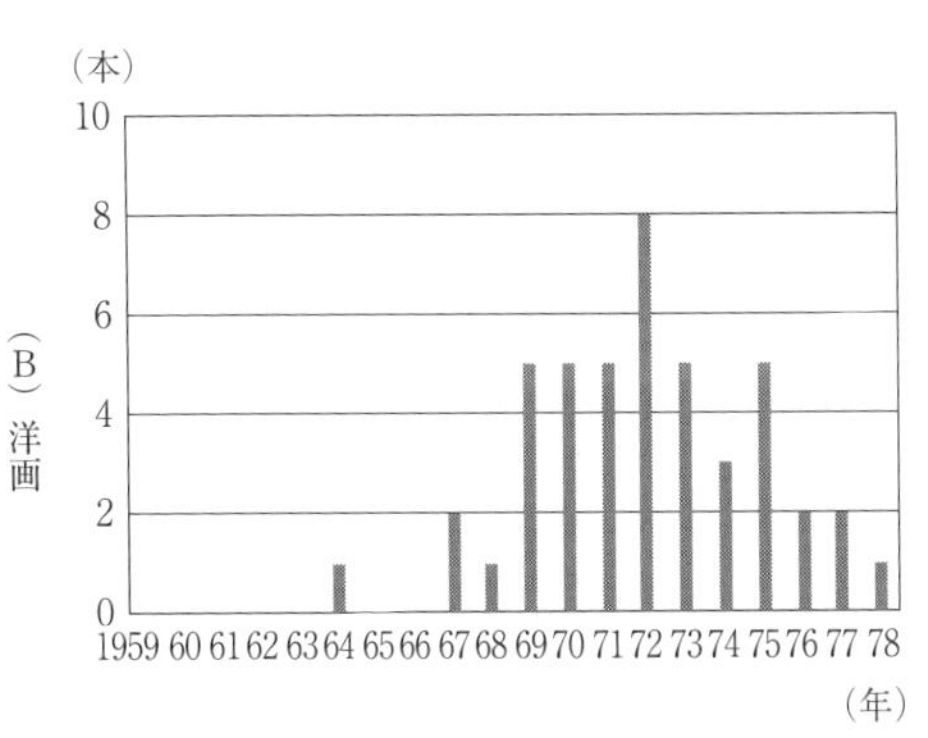

図 2－3　日本教育テレビの週あたりの放送本数

によれば、日本教育テレビの社内で「ハイブラウの人」[109]は字幕を主張したという。外国テレビ映画で一旦受け入れられた吹き替えであったが、洋画の吹き替えに際しては、原作に忠実であるべきだという規範が再出した。

既述のように、「映画ファンの不満で、いちばん大きいのは吹き替えの問題」とした淀川であったが、一方で淀川は、吹き替えの大きな効果も認識していた。淀川は吹き替えについて、「日本語でしゃべっているから、セリフがぐっとおなかのなかに入る（略）一軒一軒に入って、日本語でしゃべる……これは強力ですよ」と述べている[110]。

吹き替えの効果を認識していた淀川は、収録前には必ず日本語版を視聴したという。《日曜洋画劇場》プロデューサー・福吉健によれば、「淀川さんはオリヴァー・ストーン監督作品が大嫌いだったのですが、『プラトーン』や『ＪＦＫ』の試写の後で〝結構いいね〟と。日本語版で情報量が増えたこともプラスに働いたのかもしれません」[111]と述べている。淀川は、テレビにおける翻訳には大衆への伝達力とわかりやすさが必要であると考え、その点において吹き替えを高く評価した。淀川は自身の解説においてもわかりやすさを重視したが[112]、それは吹き替えを評価する姿勢と共通していた。

淀川のわかりやすさの重視は徹底しており、むしろ前提といってもよかった。日本教育テレビの圓井一夫は、次のように回顧する。

ふだん淀川さんから聞いている話のうち「こういうことを話したらどうですか」と言うと、「そういう話は一般的にはわからない。みんながわかることを話さないと」と言っていた[113]。

淀川のわかりやすい解説は、おおむね視聴者に好評であったが、一部の視聴者は「簡単すぎて物足りません[114]」などと批判している。万人に向けた淀川のわかりやすい解説は、映画ファンなど高いレベルの解説を求める一部の視聴者には不評であった。

フィックス制――声優の固定化

酒井によれば、《土曜洋画劇場》から《日曜洋画劇場》へと移行した一九六七年、特定の外国人俳優に対して吹き替える声優を固定する「フィックス制」を導入した。《日曜洋画劇場》以前には、「誰がどの役者をやるかって、あんまり決まってなかった[115]」という。酒井らの狙いは「日本人がゲーリー・クーパーの声はああいう声だと勘違いするくらいにしてしまおう[116]」というものであった。酒井らは、画面上の外国人俳優と吹き替えられた声との同一化を目指したが、同一化は前項でみた視聴者の期待を受けたものでもあった。

声優の勝田久によれば、フィックス制が採用された《日曜洋画劇場》の作品は、それ以前の外国テレビ映画と異なり、映画の大スターが出演したものだった[117]。存在感の大きなスターにおいて、視聴者の同一化の要求は、より高まった。日本教育テレビが採用したフィックス制は、視聴者に好意をもって受け入れられ、他局も追従することになる。声優の勝田は「最終的には、視聴者がフィックスを決定したといってもいいかもしれません」と述べ、形式決定における視聴者の影響の大きさを指摘している[118]。

担当を固定される声優の側は、どうであったか。マリリン・モンローの吹き替えを担当した声優の向井真理子は、日本教育テレビから「モンロー以外やってはいけない[119]」と指示されたという。さらに向井は、視聴者の「イメージをこわしちゃいけない」と考え、声優以外の「顔出し」の仕事をすべてやめた。[120] モンローの吹き替えに専念することによって、視聴者が向井の声に接するのは、モンローの映画における吹き替えだけとなった。向井によれば、向井が吹き替えた声しか知らない視聴者は、吹き替えられていないモンロー本人の声に接すると、違和感を表明したという。

モンローが出てきたとたんに、「全然声が違う。どうして声が違うんだ」というんですって。要するに若い方たちは、映画館でモンローの映画を見ているはずはありませんから、テレビで吹き替えを見た人たちなんです。[121]

向井の声はすでに向井の声としてではなく、モンロー本人の声として認知されている。さらにいえば、意識されていない。画面中の外国人俳優と日本語吹き替えの声優、あるいはその声が、完全に同一化していた。《日曜洋画劇場》以降、他局を含めて広くフィックス制がとられるようになる。[122]

4 吹き替えにおいて何が重視されたのか

一九六〇年代、急速に一般化したテレビの吹き替えは、一九六〇年代末のフィックス制で一定程度の完成をみた。では、受け手の要求に応えつつも、送り手はどのような意志のもと吹き替えを行うようになったのか。本節では、吹き替えという翻訳作業に携わる主体を、演出家を中心とした制作者と声優に大別し、それぞれが吹き替えにおいて何を重視したのかをみていく。

制作者が大切にしたもの

一九六〇年代までは、自然な吹き替えがひとつの理想であったが、演出家の小林守夫は、「生きたセリフ」であれば「場合によってはギクシャクしてもいい[123]」と相違をみせる。小林は「アメリカ映画、もしくはフランス映画をそのまま見ているんだという気にさせる日本語版がベスト[124]」と述べ、あくまで視聴者に日本語版を見ていることを意識させない吹き替えを最善とした。演出家の佐藤敏夫も「少しでもオリジナル映画にそった形での放送を望む」として、「できれば、劇場で見るときのような充実感をそのままに伝えたい」と述べている。そのためには「テーマを伝えること[125]」がもっとも重要だという。

一方で佐藤は「まず基本的にぼくが気をつけていることは、映画のテーマは別にして、テレビで放送するわけですから、日本人に理解できるように演出するということ[126]」（強調筆者）と述べている。ほとんどみられなくなった日本文化への同化であったが、重視する傾向も残っていた。演出家の春日正伸も、自身が担当するのはあくまで「演出」であり、「翻訳者が翻訳したものをそのまま役者にやらせるんではなくて（略）いかにおもしろくドラマチックに一般の視聴者に見せる[127]」かが重要だと述べている。

演出家の中野寛治は、「翻訳の台本（ホン）とキャスティングで、成功の是非はほとんど決ま[128]」るとして、演じる声優とならんで、吹き替えの台本の重要性を強調する。翻訳家の額田やえ子は、吹き替えのメリットのひとつに、字幕と比べて「情報量が多い[129]」ことをあげ、「セリフにニュアンスが盛り込めるのはやっぱり大きい[130]」という。テレビ朝日・映画部のプロデューサー・猪谷敬二は、「字幕スーパーだけだと七〇～八〇％しかオリジナルを表現できないと思う。一〇〇％にして表現する可能性が日本語版にはある[131]」とした。文字だけで伝達する字幕と異なり、吹き替えはテスクト以外の声色などによる伝達も可能であり、だからこそ演技が重要だと認識されていた。

声優が大切にしたもの

吹き替えという形式をめぐって、送り手は最初期から常に、視聴者の多数者の求めに応じようとした。その姿勢は、一九七〇年代に入っても同様であった。最初期から声優を務めた若山弦蔵は、吹き替えの質の低下、あるいはフィックス制の導入などについて、「視聴者が文句を言わなくては誰も改めません[132]」と述べている。若山同様に最初期から声優を務めた大平透も、フィックス制の是非について、「私はこういうものはディレクターの好みでやるんじゃなくて、お客さんのイメージ、お客さんの耳にしっかり残っているものを大切にすべきだと思います[133]」と述べている。両者はともに、視聴者の影響の大きさを指摘している。

視聴者の求めに応じた結果、声優は吹き替えにおいて何を重視するようになったのか。声優の羽佐間道夫は、重要なのは「演技をすること[134]」だとする。声優の熊倉一雄は、声のみで演じるラジオドラマが声優にとって最善だとして、声の演技を重視した[135]。翻訳家の額田も「声で芝居するというのは同じ[136]」と、熊倉同様の指摘をする。演出家の中野も「吹き替えというのは、声が勝負。やはり、〝声の名演技〟というのはある」と述べている。一九七〇年代に入ると、自然であることよりも、演技としての表現が重視された。

演じる声優は、演技の上で何を重視していたのか。羽佐間は、「台本の寸法を合わせたり、声の質や話し方のタッチを決めるのは最後の仕事」と述べ、リップシンクを相対的に重視しなかった。同じく声優の大塚周夫も「口の寸法が合えば出来たと思うのが大間違い[137]」として、リップシンクは吹き替えの本質ではないとする。一九七一年になると、「口を合わせること自体は、それほどむずかしくない（略）それに日本のアテレコの俳優さんには、神さまみたいにうまい人が何人も[138]」いる状況となり、リップシンクは当然視されるようになっていた。

声優も務める俳優の城達也は、「初期のころは画面の外国人が日本語をしゃべっていれば良かったのですが、次第に、日本語をしゃべれる外国人がそこにいるように見えなければダメ[139]」といわれるようになったという。城によれば「声を作るのではなく、声で役柄を作る[140]」ことが声優に求められるようになった。声優の池田昌子は、吹き替えの楽しさは「錯覚[141]」にあるとする。池田によれば、その楽しさは、画面上の外国人俳優と「同化できたとき[142]」に生じるという。視聴者の側の同一化の期待とは別に、演じる側においても同一化が意識されている。同じく声優の矢島正明は、「ごく自然なひとつの存在となって融け合い、対立するふたつの個性を意識するものはいなくなった[143]」と表現する。音響ディレクターの尾崎順子は映像翻訳の形式について、吹き替えは「人間存在である」としている[144]。演じる側が志向した同一化が視聴者の側の期待に沿うのは、前節までの歴史的分析から明らかである。

以上みてきたように、初期の吹き替えでは、外国文化に関する知識が少ない受け手の理解を助けるため、日本文化への過度の同化がなされた。送り手のなかには、外国テレビ映画の教育的効果を意識した者もいた。視聴者は外国テレビ映画という「社会教育」を視聴するなかで、徐々に外国文化やメディアに関する知識を得て、過度の同化は不要となった。日本文化への過度の同化は、わかりやすさを重視したものであったが、吹き替えという映像翻訳の形式の導入そのものが、わかりやすさを重視したものであった。

また、初期の吹き替えから、厳密なリップシンクと自然な発話は求められたが、テクノロジーとスキル双方の技術の向上によって、リップシンクと自然な発話は当然視されるようになり、より高度な声の演技が求められるようになった。最終的には、画面上の外国人俳優の演技と完全に同一化した声の演技が、日本人声優に求められるようになった。

本章でみた歴史的変化から、外国テレビ映画や洋画などの放送における送り手と受け手のコミュニケーションには、外国文化を学ぶという「社会教育」が存在したことがわかる。このコミュニケーションにおいて、送り手に対する受け手の影響は極めて大きく、コミュニケーションが成立するには「わかりやすさ」が絶対条件であり、多様な表現の前提であった。

佐藤卓己は、竹内郁郎らの調査を敷衍し、「スイッチひとつで、選択的な努力を必要とせず」「具体例からかみくだいて説明できる考え方」を「テレビ的教養」としている。[145] 日本教育テレビが主導する形で放送された外国テレビ映画や洋画は、テレビという現示的メディアの特性を生かした「わかりやすい」社会教育であり、外国文化やメディアの成り立ちを意識することなく身につけることができたのだ。

第三章　身近なニュースによる「社会教育」——商業教育局が生んだニュースショー

本章では、一九六〇年代の日本教育テレビのニュースショーに着目し、ニュースショーという形式による「社会教育」の拡大と、「報道」の娯楽化について検討する。前章でみたように、開局直後の日本教育テレビは外国テレビ映画によって番組不足を補ったが、放送時間が伸びるなか、自社で番組を制作する必要が高まった。広告モデルを採用した商業局では、番組に高い視聴率が求められたが、教育局である日本教育テレビでは、同時に「教育」や「教養」に分類可能であることも求められた。

そのようななか、ニュースショーという新たな形式が生まれた。ニュースショーという形式は、どのように誕生し、どのように変化していったのだろうか。

本書におけるニュースショーの定義を再掲する。ニュースショーは、主な視聴者が限定され帯の生放送で編成され、ニュースを主体とした内容の四五分以上の番組とする。

1　民放テレビ独自の報道を目指して——新聞ではなく、ＮＨＫでもなく

テレビ史のなかの日本教育テレビとニュースショー

一九六〇年前後のジャーナリズムの中心は、依然として活字メディアである新聞や雑誌であった。テレビ・ニュースは新聞各社の原稿を手直ししたものが多く[1]、民放各社は記者クラブに加入することさえ困難であった。一九六二年、「民放では初のワイドニュース」[2]とされるＴＢＳテレビ[3]《ニュースコープ》が始まり、テレビ独自のニュース番組が姿を現すようになる。

同年ＲＫＢ毎日のドラマ《ひとりっ子》が放送中止に追い込まれた[4]。《ひとりっ子》は自衛隊あるいは防衛大学校を扱い、戦争反対がひとつのテーマとなっていた。これを政治家、あるいは右翼などが問題視し、スポンサー企業に圧力をかけ、放送中止に追い込んだとされている。一九六〇年代に入り、テレビ放送に対する政治的圧力が高まっていた。一九六八年には《ニュースコープ》のキャスター・田英夫が、政治的圧力によって番組を降板している[5]。

高度経済成長期である一九六〇年代は、国内の政治意識や教育熱が高まり、テレビ受像機の急速な普及によってテレビ産業も成長した[6]。これらを背景に、テレビ独自のジャーナリズムの形式が模索されるなかで誕生したのが、キャスターニュースとニュースショーであった。日本におけるニュースショーの嚆矢は、一九六四年に放送が開始された、日本教育テレビの《木島則夫モーニングショー》（以下《木島》[7]）とされている。

翌一九六五年日本教育テレビは《木島》に続き、新たに昼のニュースショーを編成する。[8] 同年NHKを含めた各局が日本教育テレビに追随し、ニュースショーが急増した。[9] 日本教育テレビは一九六〇年代を通じてニュースショーというジャンルを牽引した。ニュースショーの主な受け手は、テレビ以前のマス・メディアから「排除されていた[10]」女性であった。

教育か娯楽か――開局直後の日本教育テレビにおける対立

第一章で述べたように初期の日本教育テレビでは、「旺文社・東映・日経三派閥[11]」による激しい主導権争いが続いた。[12] なかでも、旺文社と東映の派閥争いがもっとも激しかった。[13] 初代社長には、旺文社社長の赤尾好夫が就任した。会長は、東映社長の大川博であった。評論家の塩沢茂によれば、赤尾はテレビによる教育の大衆化を目指し、「理想に燃えて初代社長に就任した[14]」という。一方の大川の経営理念は、「進学雑誌とテキストによって一代で旺文社を築いた赤尾とは対照的な現実主義[15]」であった。

日本教育テレビ内部では、赤尾が率いる理想派と、大川を頂点とした現実派の対立が続いたが、経営上の権限は、形式上は社長の赤尾にあった。東映は、「看板になる〝教育〟の面では、旺文社系の人々の意見を尊重して放送する方針[16]」をとっていた。

一九五九年日本教育テレビは本放送を開始したが、「教育専門局」というイメージゆえに、[17] 思い切った企画発想が困難であった。[18] 理想派の赤尾社長のもと、この時期の日本教育テレビは、多くの教育的・教養的な番組を編成している。一九五九年六月のプログラム欄には、《百万人の英語》《料理学校》《働くよろこび》《服装教室》《科学豆知識》《小唄教室》《美術入門》などの教育番組や教養番組がみられる。[19] これらは二〇分以下の短い番組で、視聴率は極めて低かった。
しかしながら、この時期のすべての教育番組や教養番組が低調だったわけではない。《コーヒー教室》という教養番組には、第一回の放送後に二五〇〇通の手紙が届くなど[20]、視聴者に訴求する教育番組や教養番組も存在した。
後発の教育局である日本教育テレビのスポンサー状況は、苦しいものであった。大企業を中心とした優良スポンサーは、先発のラジオ東京テレビや日本テレビに囲い込まれていた。特にラジオの前史を有し、広告会社の電通と強い繋がりをもっていたラジオ東京テレビは[21]、多くのナショナル・スポンサーを得ていた。日本教育テレビの編成担当であった長谷川創一は、当時の厳しい状況を次のように回顧している。

待ったなしの競争がはじまり、わが社の苦戦がはじまった。裏局との競争に生き残るためには、良い番組、見てもらえる質の高い番組を揃えねばならず、そのためには当然制作費を投入することになる。制作費を支えるものは営業収入の増加しかない。しかし、収入の見通しは厳しく、制作予算は大幅なカットを余儀なくされた[22]。

旺文社との繋がりから、日本教育テレビのスポンサーは、出版社が「過半数[23]」を占めていた。出版社の大半は「中企業以下[24]」であり、「東京ローカルならなんとか番組を買えるが、全国ネット番組になると手が出ない[25]」状況であった。テレビの普及によって広告料も上昇したが、中小の出版社はスポンサーを続けることさえ困難であった。初期の日本教育テレビでは、出版社以外のスポンサーに訴求でき、なおかつ

「教養」「教育」に分類できる新たな番組形式が求められていた。

《木島》以前にも、ニュースショーは何度も試みられた。管見の限りでは一九五七年に、日本テレビにおいて最初の「ニュース・ショー」[26]の制作が試みられている。『読売新聞』の記事によれば、「ニュースというよりもむしろニュース・ショーともいうべきもので、日本テレビではかねがねこの種のスタイルの番組を意図していたが、これをまず婦人番組によって試みようというもの」[27]で、タイトルは《婦人ニュース》であった。元日本テレビのプロデューサー・仲築間卓藏は、同番組について「ワイドショーのさきがけだよなんて説もありますね」と述べている。[28]日本テレビ編成局長の加登川幸太郎は、一九五六年、日本テレビが最初のニュース・ショーとして《二十世紀》を編成したとしている。[29]それらの試みの範のひとつは、一九五二年から米NBCで放送されたニュースショー《TODAY》であった。[30]《TODAY》は生の帯で編成された、身近なニュースを伝える朝の番組であった。日本テレビの試行は成功せず、各番組は短命に終わっている。

開局直後の日本教育テレビにおいても、試行がなされた。元日本教育テレビの長谷川によれば、《木島》の「原点ともいうべき《○月○日》という帯番組[31]」を、ラジオ東京から移籍した江間守一（当時・報道課長）[32]が制作している。帯番組とは、同一タイトルで複数の曜日の同じ時間帯に放送される番組であるが、《○月○日》[33]は一二分と短いながらも、土曜・日曜を含む全曜日にわたって編成された画期的な帯番組であった。《○月○日》は、四月一日ならば《四月一日》、四月二日ならば《四月二日》と表記された。内容は、それぞれの日に因んだものが採りあげられたようであるが、むしろ重要なのは、週を通じて同時刻[34]に放送された帯番組であったことにある。開局当初の後発局にとって、毎日の制作あるいは放送は、大きなコストとリスクを伴った。《○月○日》は、営業的には成功といえなかったが、日本教育テレビにとっては、「帯番組」という番組編成の形式において大きな意味をもっていた。

一九六〇年前後において、テレビ放送におけるディレクターの主流はドラマの演出家であった。日本教育テレビは開局にあたり、他局でドラマの演出経験をもつ北代博、山本隆則、久野浩平らを採用している[35]。さらにNHKから、ドラマの演出家であった吉武富士夫を移籍させた[36]。一九六一年日本教育テレビに入社し、後にニュースショーを担当した田川一郎は「ドラマが主流を占め（略）テレビの制作者として生きることはドラマの演出家になることだった[37]」と述べている。

一方で、テレビにおける新しい「報道」の形も模索された。日本教育テレビの新里善弘によれば、「ニュースデスクは新聞社からの出向古参記者で占められていたからテレビの特性は宝の持ち腐れだった[38]」という。当時のニュースは、新聞記事をテレビ用に書き直したものであり、「文章を削ったり増やしたりするたびに、記者と放送ディレクターが衝突、活字メディアとテレビメディアの論争になっていた[39]」。

ドラマが主流と目されるなか、新たな「報道」が模索されると同時に、教育局である日本教育テレビにおいては、教育的・教養的な番組形式が求められた。同時にその番組形式は、一定程度の視聴率を獲得し、なおかつスポンサーに訴求しなければならなかった。

2　ニュースショー誕生以前の試行――ラジオ・雑誌の模倣

後発局がもたらしたもの――放送時間の延長と娯楽化

本放送を開始した翌一九六〇年一一月、早くも理想派の赤尾好夫が会長に退き、現実派・娯楽派の大川博が社長となる。背景には日本教育テレビの経営不振があった[40]。

現実派の大川が社長となった翌一九六一年四月、日本教育テレビの放送時間が急伸している[41]。放送時間の延長は、番組単位でみれば番組のワイド化であった。それ以前にみられなかった四五分あるいは一時間といった長尺の番組が増加した。これらの番組は、まれに「ワイドショー」と呼ばれたが[42]、それは放送時間が長い、あるいは内容が多様などの意であり、芸能ニュースなどを扱う後年の「ワイドショー」とは異なる。

大川が社長に就任すると、日本教育テレビの番組編成は一転して娯楽色が強まった[43]。筆者の聞き取りに対して元日本教育テレビの知識洋治は、映画業界出身の大川は「興行師」であったと答えている[44]。例えば大川は、民放ネットワークにおけるキー局と系列局の関係を、映画における「直営の映画館をつくってそこに作品を流す」関係から発想しており、したがってテレビの系列局は、映画同様に「丸抱え」でなければならないと考えたという。大川時代の東映は、一九五〇年代後半に二本立て興行を推進したが、それはテレビにおける放送時間の延長に類似している。同じく一九五〇年代後半の時代劇ブームや、一九六〇年代に入ってからの任俠映画など、東映の娯楽路線はテレビの娯楽化と類似していた。大川が社長となって推進した放送時間の延長と番組の娯楽化によって、日本教育テレビの経営状態は急速に改善し、速やかに黒字に転換した[45]。

これらの変化の背景には、日本教育テレビとフジテレビの開局による競争の激化があった。日本教育テレビなどの後発の開局により競合他社が倍増し、競争が激化した結果、視聴率が低かった時間帯に変化が生じた。同時刻の各局の視聴率を合算したものをテレビ業界ではＨＵＴ、総世帯視聴率などと呼ぶが、一九六一年一月二八日付『読売新聞』は、朝の時間帯の総世帯視聴率が「この二年間で四倍[46]」になったと伝えている。総世帯視聴率は、いずれの局にとっても重要である。総世帯視聴率が低ければ、そもそもその時間帯にテレビをつけている世帯が少ないため、どれだけシェアを上げようとも視聴率の上昇が限定的となる。それに対して、総世帯視聴率が高ければ、シェアを上げることで高い視聴率を獲得することが可能となる。『読売新聞』の同記事によれば、朝の視聴率の高まりは、ＮＨＫのドラマによってもたらされた。視聴率が高まった朝の時間帯に、後に日本教育テレビは《木島》を編成する。

日本教育テレビと同時期に開局した後発のフジテレビも、新たな番組形式の開発に迫られていた。一九六一年フジテレビは、編成部長の村上七郎（当時、後にフジテレビ専務など）をアメリカなどへ視察に送り出している[47]。村上は帰国後、「埋めなくてはならない時間」として「午前九時、午後四時あたりを中心とする平日の二つ」をあげ、アメリカの朝のニュースショー《TODAY》に言及している[48]。

雑誌形式とディスク・ジョッキー

村上が視察のため渡米した一九六一年、日本教育テレビは《TODAY》を範に、主婦向けの《東京アフタヌーン》（午後二時〜、四五分番組）を制作した[49]。《東京アフタヌーン》では、後の番組に大きな影響を与える試行がなされた。同番組は中小企業のスポンサーへの訴求力を高めるため、ラジオで定着していたディスク・ジョッキー（以下ＤＪ）という司会形式を導入した[50]。『朝日新聞』は、《東京アフタヌーン》の司会について、「切れ目ごとにスポット広告をしゃべることができ（略）たくさんの小口スポンサーを同居させる」のに「もっとも手っとり早い[51]」と評している。

ＤＪという司会形式は、音楽を主体としたラジオ番組で生まれたが、一九五九年頃になるとラジオ・ニュースへの導入が成功していた[52]。ＤＪが導入されたラジオ・ニュースは、朝と昼の時間帯に編成され、主な聴取対象は主婦であった。《東京アフタヌーン》におけるＤＪの導入は、ラジオで成功した試みをテレビで行ったものでもあった。しかしながら《東京アフタヌーン》は、失敗に終わった。同番組は、ラジオ東京から移籍した江間守一が制作した。後に《木島》を制作することになる浅田孝彦は、同番組の失敗から「貴重な教訓」を学びとったという。

その当時、各曜日ごとにディレクターが変わるということは、当然のこととして誰も疑わなかった。まだプロデューサーシステムが実施されておらず、ディレクターが担当番組制作の最高責任者であった。とすれば、自分の最も得意とするテーマで制作しようとするのが当然であり、それのほうが作品の出来もよい。しかし、それが帯番組の魅力を逆に発揮させないという結果になってしまっていた[53]。

当時、テーマや題材とディレクターは一対であり、特定の題材は特定のディレクターが担当した。テーマや題材とディレクターの固着は、ドラマを主流とする限りにおいて当然であった。しかしその固着によって、毎日の放送内容を柔軟に見直すことは難しかった。

《東京アフタヌーン》では、もうひとつの形式が試みられた。当時人気の週刊誌を模して、様々な内容を盛り込む雑誌形式[54]が試みられた。《東京アフタヌーン》が制作された一九六一年、浅田は《テレビ週刊誌ただいま発売》を制作している。同番組にも、雑誌形式が導入された。『毎日新聞』は同番組を、「ブームに乗る週刊誌をそっくりそのままテレビで再現しようという新番組[55]」と伝えている。制作を担当した浅田は、日本教育テレビ入社以前に『月刊平凡』の編集者を務めており、雑誌形式で要求される「バリエーション作り」に長けていた[56]。雑誌形式によって内容は細分化されたが、それは後年「分断視聴[57]」といった視聴スタイルを視聴者にもたらした。視聴者は分断視聴によって、「面白そうなところ、自分の関心に合うところだけつまみ食い的に見ること[58]」が可能となった。

しかしながら、週一回放送の《テレビ週刊誌》は短命であった。後に浅田は、「ニュースを素材にする以上、毎日続けて放送できる時間枠を持たなければだめだ[59]」と述べている。週刊誌を模した雑誌形式であったが、テレビにおける発刊サイクルは、週刊ではなく、新聞同様の日刊の方が適していると浅田は考えた。

視聴率の普及――視聴率のとれる「教育」「教養」の模索

テレビ放送開始以来、視聴率調査は電通、NHK、トンプソン市場調査研究所などによって、特定の期間を対象に行われるのみであった[60]。日本教育テレビにおいて《東京アフタヌーン》や《テレビ週刊誌》などの試行が行われた一九六一年、米ニールセン社[61]によって恒常的な視聴率調査が開始された[62]。翌一九六二年には、ビデオリサーチ社が同様のサービスを開始した[63]。しかしながら、視聴率が一般に認知されるには数年を要した。放送評論家の志賀信夫によれば、一九六四年頃からようやく新聞紙上で視聴率という言葉が目立ちはじめ、一般に認識されだしたという[64]。視聴率競争時代の到来であった。

視聴率競争の激化を背景に、一九六四年四月、日本教育テレビは《木島則夫モーニングショー》の放送を開始した。同番組は朝八時三〇分から約一時間の生放送で、月曜から金曜の帯番組として編成された[65]。《木島》誕生のきっかけは、後にスポンサーとなる米ヴィックス社の提案であった[66]。ヴィックス社は、朝の「学校番組の一括買い[67]」を希望した。日本教育テレビの学校放送番組の視聴率は極めて低かったが[68]、アメリカの同時間帯では《TODAY》が人気を博していた[69]。ヴィックス社は朝の時間帯に、高い可能性を見出していた。日本教育テレビの内外で「教育」「教養」は視聴率がとれないと思われていたが、《木島》の制作を担当した浅田は「制作費さえかければ、教養番組でも視聴率の上がるものはできる[70]」と考えていた。《木島》が放送を開始した一九六四年、娯楽派の大川博に代わって、教養派の赤尾好夫が社長に復帰している。赤尾は「娯楽放送であっても社会教育的でためになるものを出したい[71]」と述べ、「社会教育」を積極的に推進する意向を表明した。評論家の塩沢茂によれば、復帰した赤尾は、娯楽の要素を含んだ番組を以下のように「ほめていた[72]」という。

公共事業である以上、社会の向上と企業の利益が調和しなければいけない。こういうと、すぐに教育番組ばかり並べるのか、といわれるが、教育番組が教科書なら、一般教養書にたるものも私は必要に思っている。『徳川家康』『ローハイド』はそれに該当し、悪くはない。『木島則夫モーニングショー』も同様である。[73]

《木島》の放送開始は、赤尾が復帰する前に画策されたが、浅田とともに《木島》の企画を進めたのは、唯一の旺文社系役員といわれた岩本政敏であった。[74] 赤尾復帰の翌年には、後述の《アフタヌーンショー》も放送を開始する。教養派と目される旺文社系が主導する形で、ニュースショーは拡大していった。浅田によれば、「ニュースショー」という言葉は、「当時私の直接の上司」であった泉毅一局次長が考案したという。[75] 泉も活字メディアである朝日新聞社出身であった。

《木島》の広告枠を担当した広告会社の博報堂は、出版メディアに強かった。博報堂は民放ラジオへの参入が遅く、同じ放送メディアであるテレビにおいても電通に後れをとっていた。ニュースショーという新たな番組形式の誕生は、博報堂にとって、放送における後れを取り戻す好機であった。

《木島》が編成された枠は番組種別上、《木島》以前は「学校教育」、《木島》以降は「社会教育」であった。学校放送番組におけるCMには様々な規制が加えられていたが、「社会教育」に規制はなかった。郵政省あるいは文部省は「学校教育」に対する広告の影響を危惧し、制約を加えることとなったのであるが、その制約によって「学校教育」から「社会教育」への移行が生じた。

約一年後には、《木島》は「圧倒的な人気」[76]となる。『読売新聞』は、人気の理由を「身近なニュースを平易に見せてくれる」[77]からだとしている。しかし一方で、同紙の記事は「社会教養番組みの視聴率が上向きとはいっても、まだまだこの時間の裏番組みに歌謡曲とスター中心のドラマが存在する限り、その視聴率は微々たるものかもしれない」と指摘した上で、社会教養番組のような「善意番組」を「育てよう」と主張している。

ニュースショーという形式によって、日本教育テレビは高い視聴率と「教育」「教養」の量的規制の両立に成功した。ニュースショーという形式は、東映という映画系の派閥がヘゲモニーを握りつつあるなかで劣位に置かれた、活字メディア出身者によって生み出された。ニュースショーでは、雑誌形式とDJという形式によって内容を細分化し、スポンサーを獲得した。

第一章でみたように、番組種別の量的規制をクリアするためには、「社会教育」の増大が必須であった。しかしながら「社会教育」は、三つの要件を満たす必要があった。要件を満たしたニュースショーは、日本教育テレビが商業教育専門局として存続する限りにおいて、極めて重要な番組形式であった。次節では、より詳細にニュースショーの形式の変化をみていく。

3　ニュースショーの誕生――《木島則夫モーニングショー》

雑誌形式とグループ司会――中小スポンサーへの訴求

浅田孝彦は《木島》の開始にあたって、メイン司会の木島の他に、栗原玲児と井上加寿子を配した。ラジオのDJは一人が多かったが、《木島》では三人のグループ司会という形式が導入された[78]。三人は中継や各コーナーを担当し、DJ導入の目的であった内容の細分化を達成した[79]。《木島》のコーナー間に挿入されたCMは生CM形式であったが、栗原と井上は生CMも担当した[80]。三人のグループ司会は、内容の細分化だけでなく、生CMという形式とも親和性が高かった。

生CM、つまり生放送中に生で挿入するCMは、フィルムなどに録画されたものに比べて手間がかかった。プリントしたものを流すだけのCF（コマーシャル・フィルム）と異なり、放送ごとにセットや小道具を用意し、入念な段取りが要求された。放送メディアで出遅れた博報堂は、生CMを厭わなかった。

すでに述べたように、日本教育テレビが本放送を開始した当初は、二〇分以下の短い教育番組や教養番組が数多く存在した。「料理」「歌唱」「嫁姑問題」など、これらの番組は《木島》内のコーナーとして取り込まれていった。[81]

ニュースショーは「学校教育」も取り込んでいった。[82]ニュースショーの細分化された内容は、「雑然としたバラエティをもつ点で女性週刊誌に似ている」[83]と受け取られていた。二〇分以下の短い教育番組や教養番組の多くは低い視聴率であったが、《木島》のコーナーは、視聴者である主婦の大きな支持を得た。

翌年開始の《アフタヌーンショー》においても、「料理」や「英会話」が人気コーナーとなっている。『読売新聞』には、東京都世田谷区の四二歳の主婦から、英会話コーナーについて次のような感想が寄せられている。

「アフタヌーン・ショー」イーデス・ハンソンの先生に、桂小金治ほかの生徒がユーモアたっぷりの勉強ぶりで、まことに楽しめる時間です。いろいろなレッスンも、このように肩のこらないものにすると、覚えるのも早いと思います。[84]

料理コーナーに対しても、茨城県土浦市の三二歳の主婦が、番組出演者という初心者の出演を高く評価している。

「アフタヌーン・ショー」の料理教室で、桂小金治はじめ三人の司会者が、魚菜先生にしかられながら、なれぬ手つきで包丁を使っていました。実際の画面にしろうとが登場し、実演することは、それだけユーモラスであり、また視聴者の参考になると思いました。このほほえましい企画、こんごもどんどん続けてください。[85]

『読売新聞』は、「〝教養〟を〝娯楽〟のオブラートで包んだしゃれた仕あげを期待[86]」するとした。《アフタヌーン》の料理コーナーでは、桂小金治らの司会陣が「生徒」に扮して料理教室に「入学」し、卒業できずに「落第式」を行うなどの演出が加えられ、視聴者の笑いを誘う形で娯楽性が高められた。[87]桂小金治は、「アフタヌーンショーは、正確にはニュースショーですか?」との雑誌記者の質問に対し、「娯楽を加味した、という言葉がついたニュースショー」と答えている。[88]放送評論家の大木博は、一九六五年頃のニュースショーを「新しいタイプ」の報道番組とした上で、「郵政省流の奇妙な区分の仕方によるならば社会・教養的な、報道的な、また娯楽的な、ときには教育的でさえある新しい分野」と評した。[89]

社会教育的なコーナーの人気が高まると、視聴者は自らの参加を求めるようになる。[90]かつて教育番組や教養番組が採りあげた内容は、ニュースショーでは司会者が参加するなどの娯楽的演出によって人気が高まり、結果として、視聴者の参加を促した。

視聴率の上で低迷した教育番組や教養番組は形を変え、視聴者を巻き込みながら、ニュースショーの人気コーナーとして継続した。同番組の制作を担当した日本教育テレビの外崎宏司は、「最初は教養番組だったというのが、むしろ本来の企画であったのかもしれません。それが実際にテレビの機能というもののおかげで、ニュースショーになっていったというのが、〈木島ショー〉の場合は正しいんじゃないでしょうか[91]」と述べている。同じく日本教育テレビの泉は、《木島》の放送開始から三年後、「民放における教養番組というものは、ワイドショーというものに全部集められたというふうに言ってもいいのではないだろうか[92]」と述べている。

視聴率による内容の迅速な見直し

浅田はテーマや内容の修正において、視聴率の推移[93]から視聴者の欲求を推測し、以後の放送に生かしていた[94]。浅田は《木島》と視聴率の関係について、次のように回顧している。

刻々と変化する数字が、どのようなテーマや内容が受けているかを知る唯一の資料であった。手許に届いた一分刻みの推移をその日放送された番組進行表と照らし合わすことによって、視聴者に喜ばれる内容はどのようなものかを的確に知ることが出来た[95]。

浅田は、視聴者を対象としたモニター調査も重視した[96]。これらを用いることで、それぞれのテーマや内容を、客観的かつ定量的に選別した。

視聴率による見直しの効率は、内容の細分化によって格段に向上した。番組全体がひとつの内容である場合と異なり、同一番組内に複数のテーマや題材が存在することで、視聴者の嗜好や好悪を一度に複数知ることができた。これによって、内容の見直しを高速化することが可能となった。

さらに番組編成の形式上、ニュースショーは生の帯番組として編成された。録画・編集の番組に比べて、生放送の番組は、企画から放送までの期間がはるかに短い。ほぼ連日に放送が行われる帯の編成であれば、毎週の放送と異なり、放送内容の見直しは翌日にも可能であった。生放送の帯番組という編成形式と内容の細分化によって、ニュースショーでは、従来の番組よりもはるかに高速な見直しが可能となった。

《木島》の開始にあたって、浅田はプロデューサーとして中心的な働きをした。既述のように、当時の主流はドラマであったが、ドラマ制作はディレクターを中心としたディレクター・システムによって制作された。ディレクター・システムとは、ディレクターが番組の頂点に位置し、番組のすべてをディレクターが中心となって決定し、制作を進行する形式である。これに対して、プロデューサーが企画・予算・人事を把握し、プロデューサーの指揮のもとでディレクターが制作する形式を、プロデューサー・システムという。《木島》が制作された当初の日本教育テレビでは、ドラマを範としたディレクター・システムがとられていた。しかしながら浅田の働きは、実質的には、プロデューサーを中心としたプロデューサー・システムであった。《木島》開始から二年後の一九六六年、日本教育テレビは全社的にプロデューサー・システムを導入している。[97]《木島》においてはいち早く、ディレクター・システムに代わって、プロデューサー・システムが実質的に導入されていた。

プロデューサーの浅田は、作り手であるディレクターを内容から分離することで、採りあげる内容の自由度を高めた。例えば、生放送時に副調整室（サブ）のディレクター卓に座って全体に指示を出す人間について、浅田は「体の空いている者がディレクターとしてサブに坐ればいい[98]」と、従来の常識を覆す指示を出している。浅田の意図は、端的にいえば、ディレクター・システムの否定であった[99]。既述のように、《木島》の放送開始時点においては、ドラマに代表されるディレクター・システムがとられていた。ディレクター・システムである限り、各コーナーの内容は強くディレクターに紐付き、内容の見直しの際には、内容とディレクターをセットで見直す必要がある。また、ディレクターが強い権限をもつディレクター・システムでは、権限がプロデューサーに集中するプロデューサー・システムと異なり、権限が分散し、迅速な判断が難しくなる。浅田は、《木島》のディレクターを「演出家ではなくて放送係だ[100]」と評した。

一九六五年九月、制作体制の見直しにより、浅田は《アフタヌーンショー》を含む「教養番組全般の面倒を見る」ことになった[101]。ディレクターと内容の分離が、浅田の移籍によって《アフタヌーンショー》に持ち込まれた可能性が高い。

しかし《モーニングショー》におけるディレクターと内容の「分離」は、一九六六年九月をもって一旦終了する。《モーニングショー》の制作体制が、浅田の意に反して「曜日別の縦割り」へ戻された[102]。新たな制作体制は、「五人のディレクターが曜日ごとに責任を持って一般番組と同じように制作する」ものであった。浅田は新たな体制を「自殺行為に近い」と強く批判した[103]。同年同月、浅田は《モーニングショー》の担当を外れている。

「曜日別の縦割り」によってディレクターと内容が強く結びついた頃から《モーニングショー》の視聴率が低下しはじめる[104]。視聴率に影響する要因は多数あるが、ディレクターの固定化によって採りあげる内容の柔軟性が低下したことも大きな要因と考えられた。《モーニングショー》の視聴率低迷は長期にわたり、司会者の交代が数年間続くことになる。

NHKと異なる民放ニュースショーの司会者像

前項では、ニュースショーの内容について検討した。しかしながら《木島》が視聴者に訴求した最大の要因は、内容ではなく司会者にあった。一九六一年にアメリカなどを視察しNBCの《TODAY》に言及したフジテレビ編成部長の村上七郎は、《木島》を「民放ばかりかNHKの度肝を抜いた」と評した上で、《木島》が成功した最大の要因として、「従来のNHK調の紋切り型ニュースから脱皮して、怒ったり泣いたり感情をあらわにした異色の司会」をあげている。[105] 木島は感情の発露を厭わず、「泣きの木島」[106]の異名をとった。

浅田は《木島》の企画段階から司会者の重要性を意識し、それ以前と異なり、司会者を「視聴者と同じ立場」に置くことを企図していた。[107]《木島》以前はNHKの司会スタイルが模範とされ、司会者は権威者として、視聴者よりも一段高いところから発言していた。[108] 浅田は、司会者を「視聴者と同じ立場」に置くことについて、「これまでの司会者という概念からはあまりにもかけ離れた発想」だとしながらも、「送り手と受け手を、司会者を媒介して一つに結びつける最良の方法」と述べている。[109]

《木島》の成功をみた各局は、NHKを含め、競ってニュースショーの制作に乗り出す。[110] フジテレビは、木島同様にNHKアナウンサーの小川宏をスカウトし、《小川宏ショー》の放送を開始した。他局の模倣を嫌ったフジテレビの村上が唯一他局の模倣をしたのは、日本教育テレビ《木島則夫モーニングショー》

であった。

《木島》が始まった一九六四年は、東京オリンピックが開催され、テレビ業界は好景気に沸いた年であった。しかしながら、オリンピック直後の証券不況（一九六四―一九六五）によって、各局はスポンサー対策に追われるようになる。[111] 経済的劣位にあった日本教育テレビが採用した番組形式が、不況時に有効なのは明らかであった。一九六五年が景気循環の転換点であったことも、ニュースショーが急拡大した大きな要因であった。

《木島》が生み出したニュースショーという形式は、日本教育テレビの内部でも模倣された。一九六五年日本教育テレビは昼の時間帯に、《ただいま正午・アフタヌーンショー》を新たに編成した。[112]《木島》同様に、同番組は帯の生放送で編成された。日本教育テレビは番組の開始にあたり、NHKからRKB毎日に転じていたアナウンサー・榎本猛を引き抜いている。[113] プロデューサーの江間守一は、榎本の他に六人を加え、総勢七人の司会者という奇策をとった。[114] しかしながら、この試みは不調に終わった。[115] 結局、番組開始から一年を待たず、《アフタヌーンショー》は司会者を全面的に見直すことになる。

一九六六年一月、同番組は落語家の桂小金治をメイン司会者に迎えた。[116] 番組タイトルには、桂小金治の名が冠された。桂小金治が司会を務めることに対して、日本教育テレビの局内で大きな反対の声があがった。元日本教育テレビの渡邉實夫によると、「先ず編成局長で朝日新聞出身の泉毅一氏とNHK出身で編成部長の沖田清輝氏」が反対したという。反対の理由は、「マスコミ界をリードする公共性の強いテレビの聖域に落語家はなじまない」「アフタヌーンショーはニュース性が強い。ニュースの真実を伝えるべきテレビ局として、落語家や漫才師は相応（ふさわ）しくない[117]」などであった。

しかしながら、桂小金治は「怒りの小金治」などと呼ばれ[118]、木島以上に感情を発露して大きな人気を得た[119]。桂小金治も木島同様に「視聴者と同じ立場」から司会を務めた。桂小金治が司会を務めるようになってから一年が経過した一九六七年四月五日付『読売新聞』は、「司会者がワイドショーの人気の九〇％を制する[120]」と伝えている。この時期のニュースショーは、司会者の訴求力に大きく依存していた。

ニュース回帰――司会者から内容へ

《木島》開始から約四年後の一九六八年になると、ニュースショーは司会者の魅力ではなく、内容によって視聴者に訴求するようになる。一九六八年一月三〇日付『毎日新聞』は、「元の姿にかえる　朝のワイドショー番組」「企画、娯楽ものより　ニュース強める[121]」という見出しで、各局のニュース回帰を伝えている。ニュースショーの重点が司会者から内容へ移行するのに合わせるかのように、同年、木島は《モーニングショー》の司会を降板した[122]。

内容への重点の移行は、新聞のプログラム欄にも表れている。表は《モーニングショー》と《アフタヌーンショー》の各年六月第一月曜日のプログラム欄の表記である（表3-1）。一九六七年までは両番組とも出演者のみの表記であるが、一九六八年以降は内容が示されている。

新聞各紙の紙面上の表記も、一九六八年を境に変化している。検索ベースで、『朝日新聞』『毎日新聞』『読売新聞』の三紙における「ワイドショー」という言葉の出現回数をみると、『朝日新聞』におけるヒット数は、一九六五年と一九六七年は一件のみであるが、一九六八年には七件と増加する[123]。『毎日新聞』は、一九六七年以前は〇件であるが、一九六八年は六件と多い[124]。『読売新聞』は、一九六七年以前は一九

表 3-1　日本教育テレビのニュースショーのプログラム欄表記

	モーニングショー	アフタヌーンショー
1964 年	ゲスト　いしだあゆみ	
1965 年	ゲスト　十朱久雄・幸代	司　榎本猛　市川靖子　前沢奈緒子　宇佐美周祐　大山高明　ゲスト　タリア・ビーニー
1966 年	ゲスト　中川イセ　井上加寿子　（歌）二期会トリオ	ゲスト　高橋圭三夫妻　斎藤チヤ子　司　桂小金治　大沢嘉子　棟方宏一
1967 年	ゲスト　岩下志麻ほか	ゲスト　牟田悌三一家　コロス・イ・ダンサス　玉井義臣
1968 年	**「みんなが先生」**	**「無名歌手の告白」**ゲスト　朝丘雪路　黒沢明とロス・プリモス
1969 年	**「決定版、ボーナス倍増！！」**　ゲスト　ダナカレッジ合唱団ほか	**▽駅名日本縦断▽吉例占い試合**　ゲスト　森進一　柳家小さん一家
1970 年	**「おじいちゃんガンバレ！　太平洋横断」**	**「氷の芸術」**ちあきなおみ　富永一朗ほか
1971 年	**「女に子供の教育はまかせられない」**ゲスト　武智鉄二　芦野宏	**▽ペットやわらぎ・ビン圧治療ほか**
1972 年	**「もうがまん出来ない！　限界にきたプランクトン男」**	**「夫婦はやはり他人か！！」**　ゲスト　朱里エイコ　司　高田敏江
1973 年	**「炎のような女・祇園の女将」**　吉村千代子　ソフィア女性合唱団	**「団地妻・女相撲大会」**　田子ノ浦親方　司　浦野光　中村紀子

＊太字部分が「内容」を表記した箇所であり，筆者が強調した。

六五年の二件のみであるが、一九六八年は七件と増加している。[125]三紙ともに、一九六八年から「ワイドショー」という言葉を記事で多用するようになっている。呼称の変化は、一九六八年がニュースショーの転換点であったことを示唆している。

一九六〇年代末、ニュースショーの転機にあわせるかのように、視聴率競争が厳しさを増している。一九六九年五月二九日付『朝日新聞』は、カラー化による視聴率競争の激化を伝えている。[126]同年六月二八日付の同紙によれば、視聴率競争の激化によって、番組編成の見直しが六ヶ月から三ヶ月へ早まった[127]。

ニュースショーは、視聴率が社会的に認知されだした一九六〇年代半ばに誕生し、その後に急拡大した。視聴率競争が厳しさを増した一九六〇年代末、ニュースショーは軸足を内容へ移した。それとともにニュースショーは、「ワイドショー」と呼ばれはじめた[128]。読売テレビは、夜の男性向けワイドショーを日本テレビと共同制作していたが、読売テレビの大西信義や杉谷保憲らによれば、一九六七年頃に、自社のワイドショーを含めて変化が生じたという。具体的には、「ニュースショーからワイドショーへと意識が変化」し、「全体をエンターティメントとしてとらえ」「インフォメーション番組の色彩を薄め、娯楽的要素を強めていった」という[129]。主婦を中心とした女性向けのニュースショーだけでなく、夜の男性向けニュースショーも、一九六〇年代後半に大きな変化が生じていた。

ニュースショーの内容は細分化され、内容は視聴率という明確な指標によって選別された。さらに生放送の帯番組という編成形式が、内容の見直しを高速化した。より重要なのは、ディレクターと内容の結びつきを弱めたことであり、これによってはじめて、内容の流動性を真に高めることができた。一九六〇年代後半になると内容重視の傾向が強まり、ニュースショーは「ワイドショー」と呼ばれるようになった。

4　ニュースショーから「ワイドショー」へ

受け手の変容

一九七〇年一月二三日付『読売新聞』は、「視聴者参加番組花盛り　いまや新しいレジャー[130]」という見出しで、テレビにおける視聴者参加の高まりを伝えている。図3-1に、日本教育テレビにおける視聴者参加番組の数的変化を示した。[131] 視聴者参加の亢進は、乳児や結婚予定者あるいは主婦のドラマ出演など、あらゆるジャンルで確認できる。[132]

ニュースショーにおいても、主婦を中心とした視聴者の参加感覚が高まった。ニュースショーによってあらゆるテーマについての教養・知識・情報が媒介され、主婦を中心とした視聴者はそれらを受容し、番組種別上の「社会教育」を身につけていった。それとともに主婦を中心とした視聴者は、自らの参加を望むようになった。より積極的にコミュニケーションに参加するためには、テーマについての教養・知識・情報が必要であったが、それらを有する視聴者は極めて少数であった。

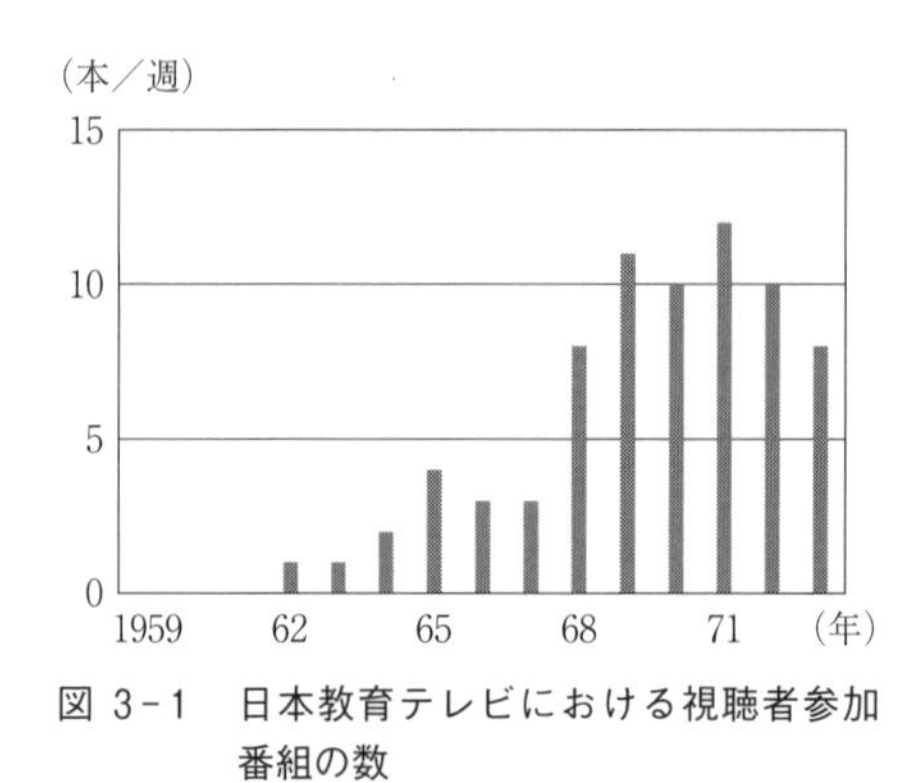

図 3-1　日本教育テレビにおける視聴者参加番組の数

しかしながら、例外があった。例えば情報は、視聴者が偶然に有する可能性があった。代表的なのは、犯人逮捕につながる目撃情報である。[133] 一方、偶然性を伴わないものの代表は、プライバシーであった。例えば「夫婦のプライバシー」は、当人が納得しさえすれば提供可能であり、コミュニケーション参加の要件を容易に満たすことができた。[134] 送り手は高価な賞品を用意するなどしてコミュニケーションを増大させたが、射幸心の煽りすぎだとして強く批判されている。[135]

日本教育テレビ・フジテレビ・ＮＨＫ教育テレビの開局によって放送局は倍増し、放送時間も大幅に増大した。コミュニケーションが成立するためには、膨大なテーマや情報が必要となった。ニュースショーの増加も拍車をかけた。膨大なテーマや内容を提供できるのは数の上で最大多数の視聴者であり、視聴者からの内容の提供は、参加性の高まりを意味した。『毎日新聞』は、この時期のニュースショーを支持する主婦の心理を、「テレビと暮らす主婦　せんさく好き」などの見出しで次のように紹介している。

おもしろいのはひとつの事件を徹底的に追跡するタイプのもの。妻子を殺したサラリーマンのニュースを現地へ飛んで夫婦の性格や生活を追う番組は刑事になってナゾときをやっているような気になってワクワクする。[136]

社会教育においては自発的な参加が重視されるが[137]、一九七〇年前後のニュースショーにおいては、視聴者の参加感覚が高まっていた。

一方で、出演者として動員された主婦に、質的な変化がみられる。一九七〇年五月三〇日付『読売新聞』は、ニュースショーに出演する主婦について「6人のプレイママ」「見事なタレントぶり[138]」という見出しで、ニュースショーに出演する主婦のタレント化を指摘している。一九七一年一月一八日付『毎日新聞』は主婦の参加番組を取材し、スタジオ参加の主婦の「常連[139]」化を指摘している。参加した主婦たちには謝金が支払われたことから、「プロ」化でもあった。

フジテレビ《小川宏ショー》チーフ・ディレクターの西ヶ谷秀夫は、一九七一年五月四日付『読売新聞』の座談会で「スタジオに招く主婦の変化がすごい[140]」と述べている。スタジオでの主婦の発言が、マス・メディアでの常套句などを「上なでしたもの」ではなくなり、「追求の姿勢になってきている」と語っている。[141] 同座談会で日本教育テレビ《モーニングショー》のプロデューサー・小田久榮門は、「〝朝ワイド〟の顕著な変化」として「送り手と受け手の間に差がなくなっていること」をあげた。ニュースショーという形式の「社会教育」によって、主婦を中心とした視聴者は幅広いテーマについての教養・知識・情報をもつようになったが、その教育的効果は送り手にとっては「意図せざる結果」であった。

変容しつつ拡大するニュースショー

一九七〇年四月、日本教育テレビに初めて朝日新聞社出身の社長が誕生した。元日本教育テレビの丸山一昭は朝日新聞社出身社長の言動を次のように回顧している。


途中から筆頭株主となり、テレビを何も知らない朝日新聞から順送りにくる社長たちは、「視聴率を得るためにはバラエティの強化しかない」といった勢いで叱咤していたのには笑った。

昨日まで天下国家を論じていた朝日新聞のトップに立つかつての大記者たちが、立場が変わればこうも変われるものか、と私たちは白い目で見ていた記憶が生々しい。

朝日新聞以上に〝教育局〟という名のもとに真面目にしか生きられなかった日本教育テレビ（NET・現テレビ朝日）で、いきなりバラエティは作れない。[142]

一九七一年四月、日本教育テレビは、夜の男性向けニュースショー《23時ショー》を月曜から金曜の夜一一時に編成する。一〇年前の一九六一年、日本教育テレビは、夜の男性向け番組《セブン・ショー》を放送し批判を浴びていた。一九六一年三月二三日付『読売新聞』は、《セブン・ショー》を「おとなのためのセクシー・ムードとやらも、ナマの刺激が強すぎて、この先どこまで行くかそらおそろしいくらい[143]」と評している。《セブン・ショー》と異なり、《23時ショー》はニュースショーとして編成された。《23時ショー》は、後に毎日放送テレビが関西エリアでの放送を拒否して大きな問題となり、日本教育テレビ常務取締役の泉毅一と毎日放送常務取締役の吉村弘が国会の小委員会に参考人として招致されている[144]。元日本教育テレビの丸山は「NETが『23時ショー』をスタートさせた時は局中が驚いた[145]」として一九七一年当時の日本教育テレビに、教育局としての雰囲気が残っていたことを回顧している。

一九七二年一〇月、日本教育テレビは昼の主婦向けニュースショー《13時ショー》を新たに編成した。同番組は、《アフタヌーンショー》終了直後の一三時から一時間の生放送であった。同番組によって主婦向けニュースショーはさらに拡大し、月曜から金曜の朝・正午・午後の三つの帯番組が編成されるようになった。さらに、夜の男性向けニュースショーをあわせると、月曜から金曜で四つの帯番組が成立している。土曜の朝昼にもニュースショーが編成され、日曜を除く全ての曜日にニュースショーが編成されることになった。日本教育テレビの番組編成におけるニュースショーの変化を図示すると、図のようになる（図3-2）。

《木島則夫モーニングショー》が登場してから一〇年の間に、ニュースショーの放送時間は週五時間から二二時間へと四・四倍に増加した。

日本教育テレビの小田久榮門は、一九七一年五月六日付『読売新聞』において、ニュースショーは「名

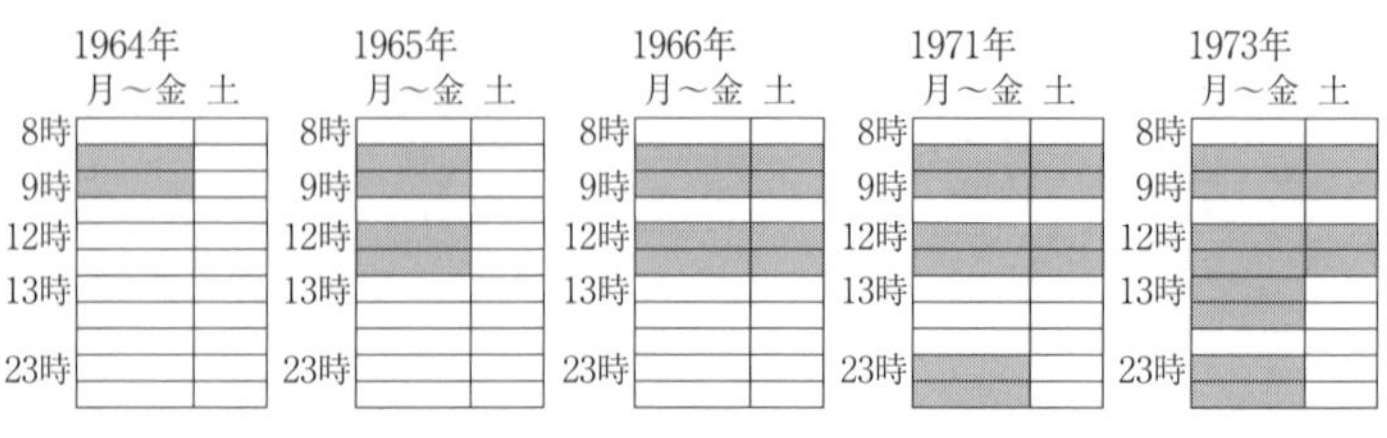

＊アミ枠＝ニュースショーが編成された時間帯

図 3-2　日本教育テレビの番組編成におけるニュースショーの変化

司会者のキャラクターに依存する時代ではなく内容の問題とスタッフの意識が勝負につながる」[146]と語っている。一九七三年八月五日付『読売新聞』は「ワイドショー司会者時代の終わり」[147]と題して、《桂小金治アフタヌーンショー》の終了を伝えた。一九七三年一一月の一般局化を前に[148]、ニュースショーにおける内容への重点の移行は完了した。一方で、内容の細分化と、視聴率による迅速な内容の見直しは不変であった。

以上みてきたように、ニュースショーが採りあげた身近なニュースは、主婦を中心とした視聴者に対して高い訴求力を発揮し、視聴者は自発的に視聴した。結果として、視聴者の参加感覚も高まった。ニュースショーという形式は、一定程度の「社会教育」的効果を有していたが、その効果は必ずしも送り手の意図するものではなかった。

また、ニュースという概念は極めて曖昧であり、「教育」「教養」に属するものだけでなく、あらゆる内容が包含された。ニュースショーは、ニュースという概念の曖昧さを利用し、あらゆる内容を取り込んでいった。ニュースショーにおいて内容は細分化され、細分化された内容は視聴率によって迅速に見直された。内容とディレクターとの結びつきが弱まったことで見直しはより迅速化し、それによってニュースショーは、視聴者の興味に対して迅速に最適化することが可能となった。

一九六〇年代の日本教育テレビで生まれたニュースショーは、テレビにおける「社会教育」の新しい形式であるとともに「報道」の娯楽化でもあった。日本教育テレビにおいて設立当初から企図された「報道」の娯楽化は、ニュースショーという形式によって実現された。[149] それと同時に、ニュースショーの拡大は、第一章で確認した「社会教育」の増大でもあった。

第四章　大阪から東京へ――毎日放送テレビのクイズ番組

一九五九年に開局した日本教育テレビは、毎日放送テレビ（ＭＢＳ）とネットワークを組んだ。日本教育テレビと毎日放送テレビは、ともに商業教育局であり、教育番組や教養番組でありながら視聴率がとれる番組を追求した。その結果、一九六〇年代末にクイズ番組が大量に編成された。「クイズ局」と呼ばれたこの現象は、商業教育局による特異なネットワークにおいて、いかにして生じたのか。本章では、「クイズ局」という事象を歴史的に分析することで、番組種別の規制がネットワークを通じて、傘下の送り手に与えた影響を明らかにする。

本書におけるクイズ番組の定義を再掲する。クイズ番組は、一人ないしは複数の解答者が、正解がひとつに限定された問題に解答し、正解または正解数を競う番組である。問題は知識を問うものが主であるが、一部インスピレーションなどによるものを含む。

1　商業教育ネットワークの誕生

テレビ史のなかの日本教育テレビと毎日放送テレビ

日本国内における最初の民放は、ラジオ放送であった。一九五一年、中部日本放送（CBC）と毎日放送の前身である新日本放送（NJB）が本放送を開始した。二年後の一九五三年には、NHKと日本テレビによって国内最初のテレビ放送が開始された。テレビは時期尚早という見方もあったが、日本テレビは予想に反して、本放送開始から約半年で黒字を達成する。これによってテレビ免許の申請が殺到した。一九五五年、東京でラジオ東京（KR）テレビが開局した。翌一九五六年には、大阪初の民放テレビである大阪テレビ（OTV）が開局する。大阪テレビは朝日新聞社と朝日放送（ABC）、さらに毎日新聞社と毎日放送が中心となって設立されたテレビ局であった。

一九五〇年代末、テレビの第一次大量免許が発行された。教育局の日本教育テレビと準教育局の読売テレビ・毎日放送テレビ・札幌テレビは、ほぼ同時期に開局した。教育局と準教育局が開局した背景には、既述のように、教育熱の高まりとテレビ批判があった(1)。

教育局と準教育局の開局から約五年が経過した一九六四年、科学技術専門の教育局として日本科学技術振興財団テレビ事業本部（東京12チャンネル）が開局する。先行した教育局の経営状態から、新たな教育局の開局は困難だという見方が多いなかでの開局であった。同局は広告料の他に、企業からの寄付金によって運営する形をとった。しかしながら、本放送開始直後から経営状態は芳しくなく、開局二年後の一九六六年には、放送時間を約三分の一に短縮している。[2] 教育局や準教育局は、その免許要件が経営上の足かせとなり、各テレビ局は監督省庁などに対して一般局化を強く要望した。一九六七年、準教育局の三局すべてが一般局となったが[3]、一方で、日本教育テレビと東京12チャンネルは一般局化されず、教育局として存置された。両局が一般局化されたのは、六年後の一九七三年であった。

一九六二年以来、教育番組を全国に広めてきた民間放送教育協議会は、準教育局が消滅した一九六七年、「国家的な助成を受け入れて（略）文部省認可の財団法人民間放送教育協会（民教協）として生まれ変わり、電波による生涯教育の普及を担う」[4]（強調筆者）ことになった。一九六〇年代、日本教育テレビは自らの軸足を「学校教育」から「社会教育」へと移したが、それは民教協の活動理念にも表れている。民教協を通じた教育ネットワークは最大三二局に達し[5]、加盟局数の上で巨大なネットワークとなった。

商業教育局が消滅した二年後の一九七五年、いわゆる「腸捻転」[6]が解消された。「腸捻転」とは、毎日系と朝日系のネットワークにおいて大阪局のみが捻れた状態、すなわち、毎日系のネットワーク内に朝日系の朝日放送が存在し、朝日系のネットワーク内に毎日系の毎日放送テレビが存在したことを指す。「腸捻転」解消によって、新聞社によるテレビの系列化が完成し、同時に、約一六年にわたる日本教育テレビと毎日放送テレビのネットワーク関係は終焉した。[7]

東京の日本教育テレビと大阪の毎日放送テレビがネットワークを組んだ一六年は、産業としてのテレビ放送の成長期であり、日本の高度成長期と重なる。高等教育、なかでも大学教育が大衆化した時期でもある。そのような時期に、一般局と異なる商業教育局が存在し、東京と大阪でネットワークを組んでいた。

テレビの単営を凌駕するラテ兼営の強み

一九五五年、日本テレビに続いてラジオ東京テレビが開局し、一九五九年二月に日本教育テレビ、続いて三月にフジテレビが開局した。後発の日本教育テレビとフジテレビは、激しい開局争いを演じた。両局は当初、ともに四月に本放送開始の予定であった。しかしながら、フジテレビが開局を三月に前倒しすると、日本教育テレビも開局を二月に早めた[8]。開局を急いだのは、大阪の読売テレビも同様であった。創業時の読売テレビ代表取締役であった新田宇一郎は、「何故にそれほどまでに急いで電波を発射する必要があったのか。これは今日の商業テレビの盛況に慣れた人達には、理解の困難なことであるかも知れない」とした上で、「大阪地区では、読売テレビよりも先に免許を受けていた企業体もあったが、それを抜いて四ヶ月も以前に電波を発射するということは、なるほど、すばらしいこと」であったという[9]。このような開局争いは、ラジオを含めた先発局の状況から、少しでも早い方が営業上において有利だという認識に基づいていた[10]。

日本教育テレビはテレビの単営[11]であり、ゼロからの開局であった。これに対して、ラジオ東京テレビはラテ兼営であった。ラジオの前史を有するラジオ東京テレビは、ハード・ソフト・人材など、あらゆる面において有利であった。一方の日本教育テレビは、制作能力が低く、スタジオなどの設備も不十分であった。第二章でみたように、日本教育テレビはフィルム・コンテンツの調達などによって、番組の不足を補った[12]。

既述のように、テレビの本放送が始まる二年前の一九五一年、「日本初の民間放送[13]」として中部日本放送が開局している。同日、毎日放送の前身である新日本放送もラジオ放送を開始した。一九五六年、関東圏に続き関西圏で、大阪テレビが開局する。大阪テレビは、テレビの単営であった。一九五〇年代末の第一次大量免許発行によって、関西地区に、新たに三つの民放テレビが開局した。読売テレビと関西テレビ（ＫＴＶ）、そして毎日放送テレビである。大阪テレビの経営に参画していた毎日放送は、大阪テレビから離脱し、新局として毎日放送テレビを開局した。大阪テレビは朝日放送が吸収合併した。第一次大量免許発行によって東京と大阪に四局ずつ出揃い、ネットワークの問題が前景化する。[14]

大量免許発行以前の東京と大阪には、民放テレビは東京に二局、大阪に一局のみであった。在阪の大阪テレビは、在京の日本テレビとラジオ東京テレビの双方から、番組配信を受けた。[15] このような形態はクロスネット、あるいはフリーネットなどと呼ばれ、受け局はキー局に縛られることなく、配信される番組を選ぶことができた。[16] 大阪テレビは、日本テレビとラジオ東京テレビより後発であったが、大阪では独占であったため、番組交換の上で在京局に対して優位にあった。[17] 優位なのは、大阪テレビが番組の買い手になった場合だけではなかった。大阪テレビが売り手となった場合も、買い手の東京局は二局となり大阪テレビが優位となった。[18]

大阪テレビは、日本テレビとラジオ東京テレビの番組を比較し、有利な方をネット受けすることができたが、大阪テレビは徐々に、日本テレビよりもラジオ東京テレビの番組を多く受けるようになっていった。[19] 日本テレビの番組は、しだいに関西圏で放送されることが少なくなっていく。優良スポンサーは、より広いエリアでの放送を希望したため、日本テレビは営業で苦戦しはじめる。それは日本テレビが、自らの系列局として読売テレビを設立する要因となった。[20] 自らの系列局を設立すれば、その新局は日本テレビの番組のみを受けるからである。

ネットワークには、番組交換とそれに伴った営業の意味合いがあった[21]。在京局は、自社の番組を関西に配信して売り上げの増大を目指す一方で、在阪局が制作した番組を調達した。在京局は在阪局に対して、優れた番組や視聴率のとれる番組の制作を要望する。

毎日放送テレビは当初、一九五八年の開局を予定していた。しかしながらラジオ東京テレビとネットワーク締結に至らず、一九五九年に開局を延期し、最終的には日本教育テレビの開局を待ってネットワーク関係となった。ラジオ東京テレビは、大阪テレビを引き継いだ朝日放送テレビとネットワーク関係を結んだ。日本教育テレビと毎日放送テレビのネットワークは、「ネットワーク競争に乗り遅れた同士という結びつき[22]」であり、他のネットワークに比べてあらゆる点で劣っていた。なかでも制作能力の劣る日本教育テレビは、ネットワークを組んだ毎日放送テレビの制作能力に依存することになる[23]。放送評論家の志賀信夫によれば、毎日放送テレビは「NETの制作能力の足りないところをカバーするため、自社の番組制作能力を高めていたからであり、ほぼ東京と拮抗するほどの番組制作体制を整え、キー局的な活動を示していた[24]」。

「犬猿の仲」軋む両局の関係——ネットワーク内で異なる規制量

教育局の日本教育テレビは「教育」五三%以上、「教養」三〇%以上が義務付けられ[25]、準教育局の毎日放送テレビは「教育」二〇%以上、「教養」三〇%以上が義務付けられていた[26]。両局に対する規制量の差は、志向の違いとなって表れた。毎日放送テレビに義務付けられた「教育」の割合は二〇%以上であり、日本教育テレビの五三%以上に対して三三ポイントの差があった。日本教育テレビは大量の教育番組を作らなければならなかったが、一方の毎日放送テレビは、日本教育テレビから送られてきた教育番組を放送すればよく、自社で制作する必要はほとんどなかった[27]。

さらに、日本教育テレビにとって毎日放送テレビとネットワークを組むことは、毎日放送テレビに対して番組を配信するだけでなく、毎日放送テレビからの番組配信を受けることを意味する。しかも日本教育テレビは、番組種別の規制上、毎日放送テレビから配信される番組の多くを「教育」「教養」に分類しなければならない。しかし教育番組は高い視聴率が望めないため、日本教育テレビは教育番組における劣勢を娯楽的な番組で挽回しなければならなかった。したがって日本教育テレビは、一般局以上に、視聴率に対して敏感であった[28]。

このように、毎日放送テレビから日本教育テレビに配信される番組は、「教育」「教養」に分類可能であると同時に、高い視聴率を獲得することが求められたが、その背景には、教育局と準教育局に対する番組種別の規制量の違いが存在した。

毎日放送テレビは、在京・在阪の他の新局と異なり、ラジオの前史を有していた[29]。日本でいち早く開局した民放ラジオ局・新日本放送を前身とする毎日放送テレビは、民放のパイオニアを自負していた[30]。一九五一年新日本放送はラジオ開局の二日後から、一日一七時間の長時間放送を行った[31]。二六年前に放送を開始したNHKが一日一七時間の放送を行っており、新日本放送も同程度の時間量の放送を行わなければ、聴取者がNHKに流れてしまう可能性があった。開局当初からの長時間放送は困難と思われたが、結果的に新日本放送は達成した。

この際、新日本放送は、クイズ番組を月曜から土曜の帯で編成した[32]。民放最初のクイズ・ブームは自らの前身である新日本放送が起こしたと、毎日放送テレビは自負していた[33]。

開局が早かった毎日放送テレビは、スポンサーといち早くつながりをもち、相対的に営業が強かった[34]。ある放送局が他の放送局に番組をネット送りする時間枠を、テレビ業界では「発枠」などというが、高い営業能力を有する毎日放送テレビにおいては、多くの発枠を獲得して自らセールスすることが、自社の利益につながった[35]。

現在キー局以外の局のほとんどは、自社で番組を作らずにキー局が配信する番組を受けることに徹した方が利益につながるとされる[36]。裏返せば、在京キー局は少しでも多くの発枠を確保し、自ら番組を制作して営業した方がメリットが大きい。キー局の拡大志向とローカル局のキー局依存は表裏一体であるが、日本教育テレビとネットを組んでいた頃の毎日放送テレビは、大阪にあって現在の在京キー局に近い状況にあった。

ラジオの放送開始以来、順調に成長を続けた毎日放送であったが、テレビの開局において大きく躓く。既述の開局の延期である。免許事業の放送において、開局の延期は極めて稀であった[37]。当初毎日放送テレビは一九五八年一二月一日の開局を予定していたが[38]、それはラジオ東京テレビとネットワークを組むことを前提としていた。しかしながら開局直前、ラジオ東京テレビとの交渉が不調に終わり、ネットワーク協定の締結に至らなかった[39]。毎日放送テレビは、期待していたラジオ東京テレビからの番組配信を受けられない事態となる。テレビ放送という事業は「ラジオ事業と比較して、スタジオ建設をはじめ、大型の設備投資と多額の番組制作費用を必要[40]」とし、ラジオのような単独での開局は極めて難しい。毎日放送テレビだけでなく、東京以外の地域における民放テレビの開局は、在京キー局とのネットワーク関係を前提とした。[41]七年前のラジオの開局において、毎日放送テレビ（当時は新日本放送）は開局当初からの長時間放送を独力で行ったが、ネットワークの存在なくしてテレビの開局は不可能であった。[42]最終的に毎日放送テレビは、開局と同時に日本教育テレビとネットワークを組む。

劣位にあった日本教育テレビとネットワークを組んだ毎日放送テレビは、ネットワーク内において相対的に地位が高かった。これらを背景に、毎日放送テレビは大阪にあってキー局を志向した。毎日放送テレビは「経済も文化も、東京一点に集中していく傾向のなかで、東京にいたずらに従属せず自主性をもった編成」[43]を行おうとした。毎日放送テレビは日本教育テレビに対して「大阪制作の番組を増やせと要求」[44]し、「番組編成のたびに意見が対立」[45]したという。毎日放送の南木淑郎は、一九六〇年代半ば頃の毎日放送テレビの日本教育テレビに対する姿勢について、次のように回顧している。

番組制作の積極的姿勢は、東京キー局への対抗意識にも根ざしていた。当時、東京の各局は高騰をつづける番組制作費に悩み、受け局に対し分担金を要求する傾向が生じていた。そこで毎日放送は、それほど制作が負担になるのなら、その分の制作を引受けようではないかと応じ、その前提として五〇パーセントの制作と営業責任の分担を提案した。キー局の日本教育テレビと五分五分の責任態勢をとって、毎日テレビの実力を示そうとはかったのである。[46]

日本最初の民放である毎日放送テレビと、後発の日本教育テレビとの関係は良好とはいえず、[47]様々な要因を梃子に、ネットワークにおける発枠を巡ってヘゲモニー闘争が繰り広げられた。

次節では、「クイズ局」以前（一九五九－一九六七年）の日本教育テレビで放送されたクイズ番組を対象に、発枠をめぐって、どのような要因が作用していたのかをみていく。

2　クイズ番組に消極的だった日本教育テレビ

高等教育の大衆化とクイズ番組の増加

図4－1は、一九五九年から一九七一年の地上波全体におけるクイズ番組の総数[48]と、同時期の大学進学率の変化を表したものである。同時期は高等教育が大衆化した時期であるが[49]、クイズ番組は、大学進学率が高まるなかで拡大していった。

各テレビ局は、どれくらいの本数のクイズ番組を作っていたのか。図4－2は、主に一九六〇年代における各キー局が放送したクイズ番組数の変化である。一九六〇年代後半の山が、日本教育テレビが「クイズ局」と呼ばれていた時期にあたる。他局に比べて、日本教育テレビが大量のクイズ番組を制作・放送していたことがわかる。

日本教育テレビが本放送を開始したのは一九五九年であるが、本放送開始から三年ほどの間、日本教育テレビはクイズ番組を放送していない[50]。日本教育テレビ以外の局は、少数ではあったがクイズ番組を放送していた。後発の日本教育テレビは制作能力が低く、番組の不足を外国テレビ映画などによって補っていた。日本教育テレビは開局時、他局などの経験者を採用しているが、ドラマ経験者が中心であり、クイズ番組の制作は困難であった。

日本教育テレビが本放送を開始した一九五九年当時、アメリカではクイズ・スキャンダルが大きな社会問題となっている。[51] スキャンダルは拡大し、同年、三大ネットワークのひとつであるCBSの社長が、「クイズ番組の追放」を宣言するに至っている。[52] 米下院は特別委員会を組織し、テレビとラジオにおける「八百長クイズ」の摘発に乗り出した。召喚された複数のクイズ解答者は、「八百長だった」と告白している。[53] 一連の米クイズ・スキャンダルは、AP通信の一九五九年「十大ニュース」の第五位にランクされた。[54] 米クイズ・スキャンダルは、日本の新聞紙上でも採りあげられ、日本国内でも大きな関心を呼んだ。

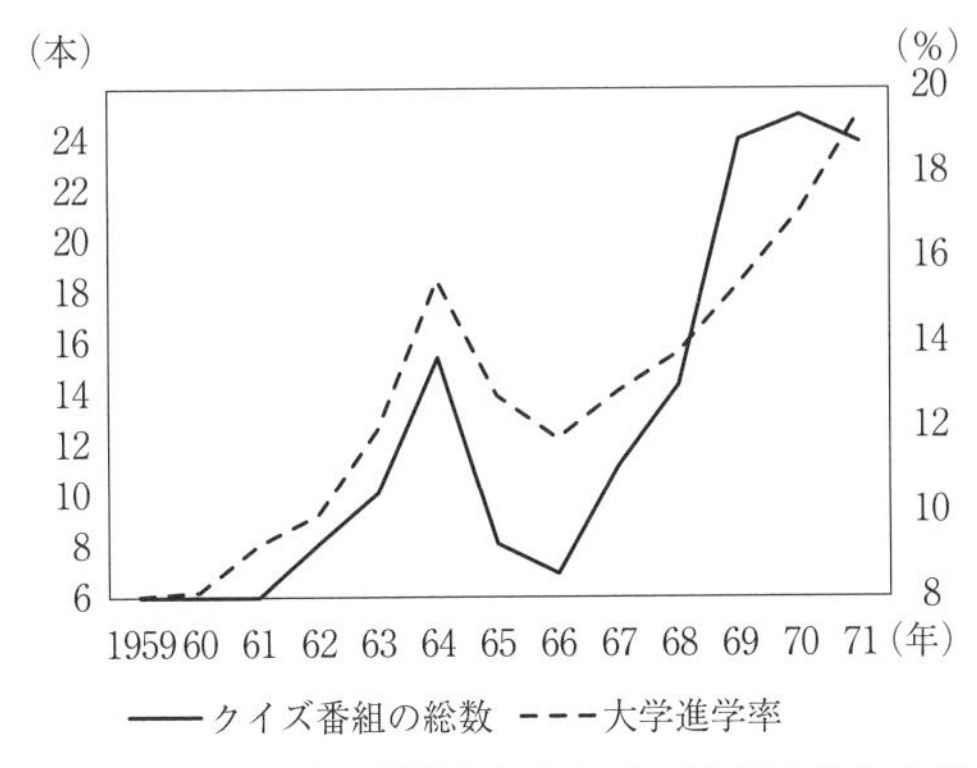

図 4-1　テレビで放送されたクイズ番組の数と大学進学率

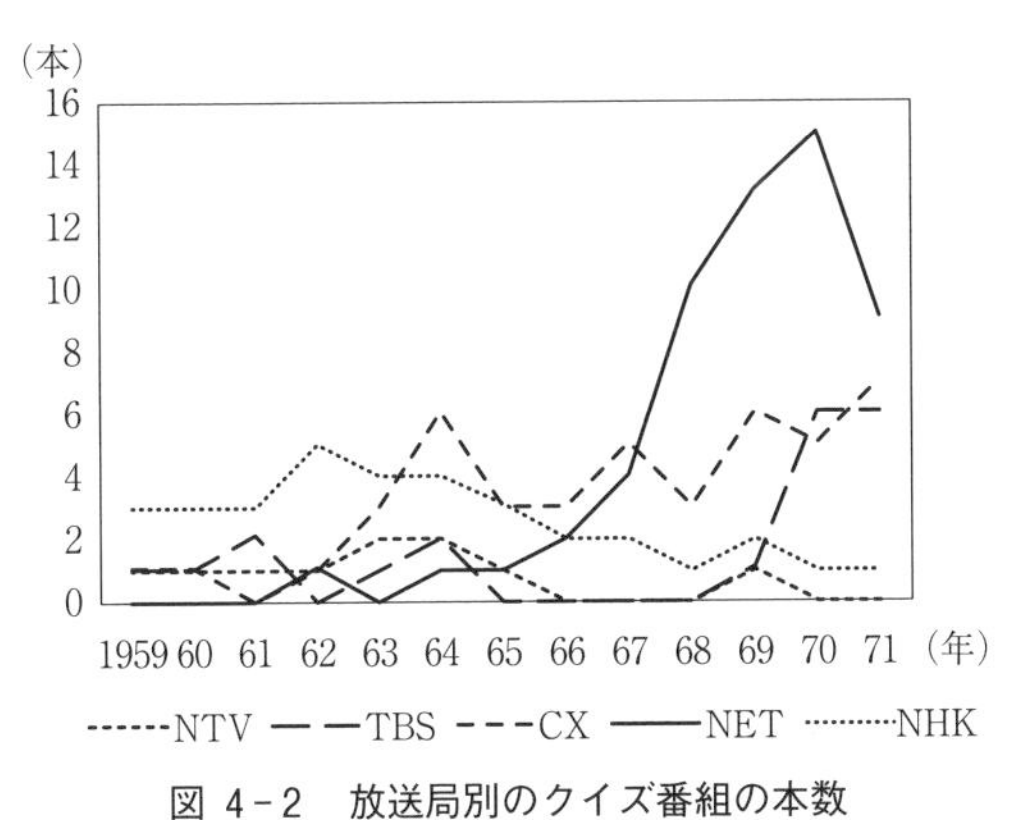

図 4-2　放送局別のクイズ番組の本数

　日本教育テレビと同じ後発局であるフジテレビは、一定数のクイズ番組を編成していたが、「一億総白痴化」というテレビ批判を背景に教育局として免許が下った日本教育テレビでは、スキャンダルのイメージのあるクイズ番組が積極的に制作・編成されることはなかった。

「クイズ局」——一九六〇年代末の日本教育テレビにおける急増

一九六〇年前後の毎日放送テレビは、日本教育テレビ同様に、クイズ番組をほとんど制作していない〈55〉。一方でNHKは、三つのクイズ番組を放送していた。《ジェスチャー》《私の秘密》《私だけが知っている》である。これらの番組は、読み上げ問題に解答する形式ではなかった。タレントなどを解答者とし〈56〉、後のバラエティに近い形式であった。既述の通り、NHKは約二六年にわたるラジオの前史を有しており、クイズ番組は人気ジャンルとなっていた。既述の通り、一九六一年フジテレビの村上七郎はアメリカのテレビ放送を視察しているが、村上は朝日新聞の取材に対して、「クイズなら他のスタジオ番組に比べ、はるかに安い制作費で上がる利点も考えられているようだ〈57〉」と述べている。

一九六二年日本教育テレビは《なんでもクイズ》の制作を開始した。司会者が落語家の林家三平であったことなどから、一定の娯楽性を有していたと推測される。同年一一月日本教育テレビは《時はカネなり》というクイズ番組を編成する。タイトル通り、時間を意識したクイズ番組であった。これらの番組は、いずれも短命に終わっている。

東京と大阪あわせて八局が出揃うことで競争が激化したが、それは視聴率競争となって表れた。既述のように、放送評論家の志賀信夫によれば、一九六四年頃から「視聴率」という言葉が新聞紙面で目立つようになり、視聴率競争が社会的に広く認知されるようになったという〈58〉。第三章でみたように、日本教育テレビがニュースショー《木島則夫モーニングショー》の放送を開始したのは、一九六四年であった。ニュースショーの原型の誕生は、視聴率競争が社会的に顕在化したのとほぼ同時期であった。《木島》の放送は月曜から金曜であったが、同番組の成功をみた毎日放送テレビは日本教育テレビに対して、土曜日の《木島》と同じ時間帯に、大阪から新たなニュースショーの配信を行うことを速やかに打診している[59]。毎日放送テレビはあらゆるジャンルで、キー局を志向していた。

スポットCMの増加──タイムセールスで強みを発揮するクイズ番組

テレビ・コマーシャルのセールスには、大別すると、タイムセールスとスポットセールスの二種類がある[60]。長期的な広告出稿が前提となるタイムセールスに対して、スポットセールスは短期が基本となる。本放送開始以来、テレビ広告はタイムセールスによるタイムCMが主であったが、視聴率競争が前景化した一九六五年頃から、スポットセールスによるスポットCMが増加した[61]。

スポットCMには、広告主[62]とテレビ局双方にとって、タイムセールスとは異なるメリットがあった。広告主にとってのスポットCMのメリットは、「挿入時間帯や時期、それに出稿量を自由に選べる[63]」点にあった。タイムセールスは慣行により、長期[64]のCM出稿が基本となっていた。中元や歳暮など、短期間に大量の訴求を行いたい場合、タイムCMよりもスポットCMの方がはるかに適していた。

放送局側のメリットとしては、広告主の意向から比較的自由なことがあげられる[65]。番組全体に対して提供するタイムセールスと異なり、スポットセールスは、番組間あるいは番組内のCM時間を購入するのみであり、広告主が番組内容に口出しすることはできないからだ。

スポットセールスがよいことばかりかといえば、そうではない。タイムセールスは、提供スポンサーのイメージアップに貢献しているかなどの様々な指標で評価されるのに対し、スポットセールスは基本的に、視聴率のみをベースに算出される[66]。したがって視聴率が低下すれば、テレビ局はCMの本数を増やさなければ、広告主から同額の広告料をとることができない。結果として、視聴率をもとにしたスポットセールスの増加は、テレビ局の視聴率重視の姿勢を強める要因となる。

また、スポットセールスが広告主の意向から自由であることも、必ずしもテレビ局にとってよいことではない。広告主の意向から自由であるということは、裏返せば、スポンサーの意向を汲みとった営業活動が制限されるということだ。営業能力の優位性は、スポットCMにおいては相対的に低下し[67]、視聴率の低さを営業能力でカバーすることは難しくなってくる。

しかしながらクイズ番組は、他のジャンルよりもタイムセールスによるCM出稿が多かった[68]。クイズ番組は相対的に、営業能力の高さを生かすことができる形式であった[69]。毎日放送テレビは、その営業能力の高さを有していた。

視聴者参加番組の増加――自らの参加を求める視聴者

一九六三年に日本教育テレビで放送が開始された《アップ・ダウン・クイズ》は、毎日放送テレビの制作であった。同番組は、幅広い知識に関する問題を読み上げ、早押しで解答する形式であった。正答数によって解答席のゴンドラが上下し、視覚的に優劣を表現した。《アップ・ダウン》は長期にわたって全国的な人気となる。同番組の誕生は、毎日放送テレビによる日本教育テレビへのクイズ番組の配信が始まり、また成功したという意味において大きかった。

　一九五〇年代末の大量免許発行によって、テレビ局間の競争が激化し、各局は競うように放送時間を延長していった[70]。放送時間の延長はタレント不足を招き、クイズ番組の解答者が不足するようになる。

　テレビ初期のクイズ番組の解答者は、文化人や知識人であった[71]。解答者不足を補うように、一九六〇年代半ばから、一般視聴者から選ばれた解答者がスタジオでクイズ問題に答える、いわゆる視聴者参加型が増加する[72]。毎日放送テレビ《アップ・ダウン》も、ゲスト大会を除き、解答者は一般視聴者から選ばれた。

図 4-3　毎日放送の千里丘放送センターと《アップ・ダウン・クイズ》

　クイズ番組における視聴者の参加性が高まると、様々な教養レベルの人たちが参加するようになった。結果として、出題される問題の難易度に幅が生じたが、問題は易しすぎても難しすぎても視聴者から批判された[73]。

クイズ番組で出題される問題は、視聴者に馴染みのある教科書を中心としたものが少なくなかったが、だからこそ余計に視聴者からの批判が多かった[74]。

一九六〇年代後半になると、東京と大阪の制作環境の差が拡大する。設備・スタッフ・出演者などのあらゆる点において東京が優位となり、在阪局はドラマ制作の拠点を東京へ移す[75]などの対応をみせはじめる。しかしながらクイズ番組の制作において、東京と大阪の格差は小さかった。在阪局が東京へ番組を配信する上で、クイズ番組という形式の有利性は、相対的に高まった。

3　商業教育ネットワークにおけるクイズ番組の意義

「クイズ局」時代のクイズ番組の特徴

本節では、主に新聞のプログラム欄と記事を用いて、「クイズ局」におけるクイズ番組の内容をみていきたい。既述のように、一九六〇年代末になると、日本教育テレビのクイズ番組が急増する。この時期、放送評論家の青木貞伸は、「在京テレビ局のなかで、もっともクイズ番組に熱心なのはＮＥＴテレビである[76]」と述べている。表は、一九六九年における日本教育テレビのクイズ番組である（表4-1）。特徴として、次の三つがあげられる。

第一に、知識以外の要素を問う出題形式が多かった。知識以外の要素をもって選抜したのは六タイトル、週一〇本にのぼった[77]。例えば、《インスピレーション・クイズ》の解答者は、「ヤマカン[78]」でクイズに答えた。知識以外の要素を採り入れることで、日本教育テレビは、知識量や解答ボタンの早押しに劣る人々の参加を促した。日本教育テレビは開局初期においても、知識を問わないゲーム性の高いクイズ番組を制作

表 4-1　1969 年に日本教育テレビで放送されたクイズ番組

	番組名	知識以外の要素の有無	一般解答者の有無
1	インスピレーション・クイズ	○	○
2	クイズ大作戦	○	×
3	バッチリ当てよう！	○	○
4	クイズその手にのるナ‼	○	△
5	ゴールデンクイズにっぽん	○	○
6	クイズ・タイムショック	×	○
7	ランデブークイズ・ペアでハッスル	×	○
8	ダイビング・クイズ	○	○
9	アップ・ダウン・クイズ	×	○

していたが、「クイズ局」と呼ばれた時期のクイズ番組も同様であった。

第二の特徴は、帯編成である。《バッチリ当てよう！》は、月曜から金曜の帯で編成された。一九六九年、TBSテレビは昼のワイドショーに代わってクイズ番組《ベルト・クイズQ&Q》を帯で編成し[79]、日本教育テレビに追随した。

第三の特徴として、視聴者参加型が多いことがあげられる。表4-1の九本のうち、一本を除いた八本が視聴者参加型であった。一九六〇年代半ばに高まった視聴者の参加性は、「クイズ局」時代に入り、それまで以上に高まった[80]。

視聴者の参加感覚が高まると、一九六〇年代半ば同様に、出題の難易度が問題となった。一九七三年二月二日付『読売新聞』には、日本教育テレビ《クイズ・タイムショック》の問題が「とてもやさしくなった[81]」のではないかという質問が、視聴者から寄せられている。この質問に回答した日本教育テレビの担当者は、「一般出場者は一度出たらあとは出られない規定もあって最近は反射神経の鋭い出場者が減ってきています」と、内部事情を吐露している。一般の解答者に頼った番組作りは、困難になっていた。

「クイズ局」時代の視聴者の受容は、どのようなものであったのか。総体を明らかにするのは困難であるが、新聞の投稿欄から一部を推察する。「クイズ局」時代のクイズ番組は、多くの批判を浴びた。具体的には、①タレント解答者への依怙贔屓・やらせ疑惑、②タレント解答者の無教養、③ゲーム性の過剰、④賞品の高額化、などである。

図 4-4　毎日放送テレビ《アップ・ダウン・クイズ》司会の小池清

一方で、肯定的な受容も少なくなかった。クイズ番組は勉強になるという言表は、日本教育テレビが本放送を行っていた期間を通じて存在した。なかでも、毎日放送テレビ《アップ・ダウン》と日本教育テレビ《タイムショック》は高く評価された。一九六九年一二月七日付『読売新聞』によると、テレビ番組についてのアンケート調査で、両番組は「良い内容」の一位と二位にランクされている。[82]同紙によると、クイズ番組の司会者の「まじめな態度」が、視聴者に好感をもって受け入れられていた。[83]クイズ番組を入学試験や学校教育と重ね合わせる受容も、多くみられた。

毎日放送テレビの一般局化——拡大した規制量の差

一九六七年、日本教育テレビと毎日放送テレビのネットワークに大きな変化が生じた。同年一一月の放送免許の更新において、毎日放送テレビが一般局となったのである。毎日放送テレビの一般局化に先立つ一九六四年、臨時放送関係法制調査会の答申が提出されている。同答申は、教育放送は営利目的と調和しないことは実証済みであるとし、商業教育局の廃止を示唆した。〈84〉毎日放送テレビの一般局化は、この答申に沿ったものといえた。

毎日放送テレビは、一般局化によって、「教育」や「教養」の量的規制から実質的に解放された。準教育局の読売テレビと札幌テレビも同時期に一般局化し、準教育局は消滅した。これに対して、日本教育テレビの一般局化は見送られ、教育局として存置された。番組種別の量的規制において、日本教育テレビと毎日放送テレビの規制量の差は拡大した。

東京と大阪の四大ネットワーク八局のうち、日本教育テレビ以外のすべてが一般局となり、日本教育テレビは取り残された形となった。日本教育テレビの劣位性は相対的に高まり、日本教育テレビは毎日放送テレビから送られてくる番組に対して、これまで同様に「教育」「教養」に分類可能でありながらも、今まで以上に高い娯楽性を求めるようになる。

毎日放送テレビのキー局志向——大阪からの番組配信

ここで、日本教育テレビが「クイズ局」と呼ばれていた時期の量的変化を、制作局ごとにみていきたい。表4-2のAはクイズ番組数の変化である。帯で編成されたものは、例えば月曜から金曜ならば、五本として集計した。表4-2のBは、クイズ番組数のタイトル数の変化である。帯で編成されたものであっても、一タイトルとして集計した。表4-2のAとBを比較すると、クイズ番組の急増以外の大きな特徴として、次の二つが認められる。

第一に、一九七三年にクイズ番組が急減している。〈85〉一九七三年は日本教育テレビが一般局となった年で

表 4-2 「クイズ局」前後の日本教育テレビにおけるクイズ番組の量

A）制作本数の内訳（／週）

年		1967	1968	1969	1970	1971	1972	1973	1974
NET	制作数	2	7	9	10	7	7	1	1
MBS	制作数	2	3	4	5	2	2	2	2
	制作率	50％	30％	31％	33％	22％	22％	67％	67％

B）制作タイトル数の内訳（／週）

年		1967	1968	1969	1970	1971	1972	1973	1974
NET	制作数	2	2	5	6	2	2	1	1
MBS	制作数	2	3	4	5	2	2	2	2
	制作率	50％	60％	44％	45％	50％	50％	67％	67％

＊『読売新聞』のプログラム欄をもとに筆者が作成した。

あり、日本教育テレビにおけるクイズ番組は一般局化とともに急減した。

第二の特徴として、番組タイトルの半数を毎日放送テレビが制作していたことがあげられる。「クイズ局」という呼称は日本教育テレビに対するものであったが、その番組の約半数は毎日放送テレビが制作し、日本教育テレビに配信したものであった。

「クイズ局」時代に入った一九六八年、『読売新聞』に次のような記事が掲載されている。

昨年十月で週五時間だったMBS製作の番組が四月以降はいっきょに九時間三十分とのびてNETの編成に食い込んでくる。〝西高東低〟といって、関西製作のものが地元での人気とは裏はらに東京で受けない傾向があり、なだれ込むMBSの番組のさばき方が苦心のしどころだろう。[86]

毎日放送テレビが一般局となった一九六七年、同局は東京12チャンネル（現テレビ東京）への番組配信を開始した。日本教育テレビも対抗的措置として、サンテレビジョンなどの関西エリアの独立U局に番組配信を始め、両局の関係はそれまで以上に悪化した[87]。

一九六九年毎日放送テレビは、東京12チャンネルとネットワーク関係となる[88]。これによって毎日放送テレビは、受け局として日本教育テレビと東京12チャンネルのクロスネットになると同時に、東京12チャンネルに対して送り出し局、つまりキー局となった。単なるクロスネット、つまりは受け局として複数のキー局をもつネットワーク関係は、現在も存在する。しかしながら「クイズ局」時代の毎日放送テレビのように、送り出しの局としてもクロスネットである状態、つまり受け局あるいは送り局の双方の立場においてクロスネットの状態は極めて珍しい。管見の限り、一九五〇年代後半の大阪テレビを除いて存在しない。

毎日放送テレビ開局の際、多くの人材が大阪テレビから毎日放送テレビに移籍したが、毎日放送テレビの東京12チャンネルへの接近は、経営上極めて有利であった大阪テレビ時代の状態を目指したともいえる。

毎日放送テレビの動きは東京12チャンネルの買収を視野に入れたものであり、「東京毎日放送[89]」が設立される可能性もあったとの指摘もある。それが現実となれば、在京・在阪の両局がキー局であるダブルキー局などではなく、完全なる在阪キー局の誕生であった。

高まる朝日新聞社の存在感とネットワークの変容

日本教育テレビ内部における、経営上の力関係はどのようなものだったのか。社名が示すように、後のテレビ朝日では、朝日新聞社が最大のプレゼンスを有した。しかしながら日本教育テレビ時代には、朝日新聞社のプレゼンスは必ずしも大きくなかった。既述のように、設立当初の日本教育テレビでは、旺文社・東映・日本経済新聞社の三社が、経営上の大きな力をもっていた。本放送開始時の日本教育テレビ社長は、旺文社社長の赤尾好夫が務めたが、既述のように、理想派の赤尾のもと日本教育テレビの経営状態は芳しくなかった。本放送開始の二年後には、現実派である東映社長・大川博が同局の社長となり、経営状態は急速に改善された。

しかしながら一九六四年一一月、四年にわたって日本教育テレビ社長を務めた大川が「突然辞意を表明[90]」する。その際、東映あるいは東映社長の大川が所有していた日本教育テレビの株式の多くが、朝日新聞社に譲渡された。朝日新聞社は、放送への進出において他の新聞社に後れをとっていたが、日本教育テレビにおける朝日新聞社の最初の大きな足がかりは、一九六〇年代半ばにおける東映からの株式譲渡であった[91]。日本教育テレビにおける朝日新聞社のプレゼンスは徐々に高まり、一九七〇年、日本教育テレビに初めて朝日新聞社出身の社長が誕生する。

元日本教育テレビの丸山一昭によれば、朝日新聞社出身の社長はバラエティ番組の推進を強く指示したという。しかしながら第三章でみたように、一〇年以上にわたって教育局として放送を続けた日本教育テレビは、「いきなりバラエティは作れない[92]」状況であった。一九六八年頃、日本教育テレビは社内で広く企画募集を行っている。採用された企画のひとつは、長期にわたって看板番組となるクイズ番組《タイムショック》であった[93]。バラエティ番組の制作は困難であったが[94]、クイズ番組の制作は可能であった。

一九七三年、ようやく日本教育テレビが一般局化を遂げる。毎日放送テレビの一般局化から約六年が経過していた。古田尚輝は、日本教育テレビが教育局として存置されたことを「郵政省の執念[95]」とし、「放送の多様化」という当局の理念の存在を示唆している。日本における五つの商業教育局のうち、より厳しい番組種別の規制が課された二つの教育局は、ともに在京であった。教育局が在京であったのは、東京が「人的・経済的に恵まれている」[96]からであり、在京の教育局に「番組制作機関としての役割を果たさせる」[97]ことを企図したとの指摘もある。

既述のように一九七五年のネットワーク変更、いわゆる「腸捻転解消」によって、毎日放送テレビは日本教育テレビとのネットワーク関係を解消し、新たにTBSテレビとネットを組む。一方の日本教育テレビは、朝日放送とネットワーク関係を結んだ。このネットワーク変更は、毎日放送テレビの番組配信の時間量に影響を与えた。かつて毎日放送テレビは、プライムタイムに約一〇時間の発枠を有していたが[98]、ネットワーク変更後は半分以下の「わずかに四時間」[99]となった。

TBSテレビという強力なキー局と組んだ朝日放送が、番組をそれほど作らなかったのに対して、「一弱」[100]の日本教育テレビと組んだ毎日放送テレビは、多くの番組を大阪から配信した。しかしながら、TBSテレビとネットワーク関係となった毎日放送テレビは、それ以前の朝日放送に合わせるかのように、東京への番組配信量を低下させた。教育局の消滅と新聞社による系列化がもたらしたもののひとつは、大阪から東京への番組配信量の下方的平準化であった。

以上みてきたように、キー局を志向した毎日放送テレビは、多くの番組を日本教育テレビに配信したが、両局に対する番組種別の規制量に差があったことから、日本教育テレビは毎日放送テレビに対して「教育」「教養」への分類が可能で、なおかつ高い視聴率が期待できる番組を求めた。「教育」が「娯楽」などに比べて「スポンサーの提供を得ることは非常に困難であること」[101]は、毎日放送テレビも理解していた。

テレビ放送が産業として発展していくなかで、視聴率重視の傾向が強まり、営業能力の影響は低下した。しかしながらクイズ番組は、営業能力の高さを発揮できる形式であり、毎日放送テレビは高い営業能力を有していた。一九六〇年代に入り、東京と大阪の制作能力や制作環境の差が開いたが、それらに対する依存度が低いクイズ番組において、東京と大阪の差は相対的に小さかった。また毎日放送テレビは、クイズ番組の高い制作能力を有していた。「クイズ局」という現象が現れる直前、毎日放送テレビを含む準教育局が廃止された。これによって日本教育テレビは、毎日放送テレビから配信される番組に対して、今まで以上に高い娯楽性を求めるようになった。

同時にその番組は、番組種別の「教育」「教養」に分類可能である必要があった。東京と大阪八局のなかで唯一の教育局として取り残された日本教育テレビは、視聴率重視の傾向を強め、その結果、同局の放送するクイズ番組が急増した。急増したクイズ番組の約半数は、毎日放送テレビが制作し配信した番組であった。クイズ番組という形式は、日本教育テレビの放送制度上の要件と親和性が高く、同時に、より多くの東京への番組配信を望む毎日放送テレビにとって、日本教育テレビへの発枠を確保する上で有効であった。これらを要因に、この時期の日本教育テレビは多くのクイズ番組を自ら作るとともに、毎日放送テレビからのクイズ番組の配信を受け入れ、結果としてクイズ番組が急増したのだ。

さらに、一九七〇年代半ばにおける日本教育テレビの一般局化と直後のネットチェンジは、毎日放送テレビの東京への番組配信量を低下させた。これらの結論は、番組種別の量的規制が、直接の規制対象だけでなく、ネットワーク関係にある局に対して間接的に影響を与えたことを強く示唆している。

第五章　読売テレビにおける「社会教育」の叢生——関西ローカルの独自性

読売テレビは、毎日放送テレビと同じ在阪の準教育局であった。しかしながら、毎日放送テレビの在京キー局が教育局であったのに対して、読売テレビの在京キー局は一般局であった。キー局の属性が異なったことにより、初期の読売テレビでは、地域性の高い主婦向けの「社会教育」番組が興隆した。読売テレビ初期の女性向け社会教育番組は、どのような経緯で興隆したのか。後発の在阪・準教育局は、ネットワークの力学のなかで、いかにして地域性と教育性を両立させたのだろうか。

1　商業教育局にとっての学校放送番組

毎日放送テレビと読売テレビの異なる属性

一九五八年八月、読売テレビが開局した。毎日放送テレビの開局は、一九五九年三月であった。両局ともに、いわゆる第一次大量免許の発行による開局であった。両局は、関西二府四県をサービスエリアとする在阪の広域局であり、なおかつ準教育局であった。在京局をキー局とするネットワークに参加している点も同じであった。しかしながら両局は、いくつかの点において属性や性格を異にしていた。

毎日放送テレビはラジオという前史を有していた。既述のように、毎日放送ラジオの前身である新日本放送は、名古屋の中部日本放送と並んで日本最初の民間放送局であった。スポンサーや広告会社といち早く繋がったことなどから、毎日放送テレビは高い営業能力を有していた。また、関西ではいち早く開局した大阪テレビは、朝日放送が吸収合併した。朝日放送は、毎日放送の前身である新日本放送開局と同じ一九五一年にラジオ放送を開始しており、毎日放送テレビ同様に、スポンサーや広告会社と強力な関係を築いていた。早期の開局は、経営上において極めて有利に働いた。

一方、ラジオという前史のない読売テレビは、スポンサーや広告会社と一から関係を築く必要があった。読売テレビの設立を主導した読売新聞社の務臺光雄は、読売テレビ設立前、関西財界の実力者に対して協力を求めたが、彼らは毎日放送や朝日放送などの先発局との関係を理由に、協力を断り続けたという。最終的に協力は得られたものの、説得に約二年を要し、また発起人代表を務めるものはなく、務臺自身が代表を務めた[1]。

一九六〇年代には各地でテレビ局の開局が相次いだが、正力松太郎は、在阪の他の新局に先がけるため、一九五八年八月二八日に開局するよう「至上命令」を出した[2]。日本テレビの開局は、一九五三年八月二八日であった。正力が「命令」した八月二八日は日本テレビの開局日であり、その同じ日に正力は、大阪での新局の開局を目指した。大阪という地は、正力が率いる読売グループにとって、朝日・毎日というライバル社の牙城であった。

日本テレビの正式社名は日本テレビ放送網であるが、「網」という字が表すように、設立当初から日本テレビはネットワークを強く意識していた。読売テレビは、日本テレビと読売新聞社の強い意向を受けて設立された局であったが、読売テレビの開局は、日本テレビにとって「日本テレビ系ネットワークの誕生[3]」を意味した。

読売テレビの従属性

テレビ放送だけでなく、通信事業にも関心を示した正力は、極めて強いネットワーク志向を有していた。正力が狙ったテレビにおけるネットワークは、ハードとしてみればマイクロ波による信号の送受信技術であり、ソフトとしては番組などの交換を意味した。しかしながらハードとソフトは表裏一体であり、番組というソフトを伝送するためには、マイクロ回線というハードが必要不可欠であった。

テレビ放送に先行したラジオ放送においては、マイクロ回線あるいは電話回線などを用いない、テープに録音して番組を交換する、いわゆる「テープネット」という方式が存在した。テープネットは、テレビにおいても後年多用されるようになるが[4]、そのためには放送用VTRの普及を待たねばならなかった。つまり、テレビ局のネットワークを日本全国に拡大するためには、ネットワークを通じて日本全国と番組交換を行う必要があり、そのためにはマイクロ回線の拡充が必須であった。

しかしながら正力は、通信事業への進出を果たせず、テレビ用のマイクロ回線の敷設は、電電公社が主体となって行うことになった。日本テレビは強いネットワーク志向をもちながらも、ネットワークを十全に達成するには、他社の手によるマイクロ回線の拡充を待たねばならなかった。

さらに番組の配信には、東京以外のエリアに、受け局であるローカル局が必要であった。しかしながら、読売テレビ開局以前に東京以外で開局した局は六局のみであり、番組の交換や配信は限られていた。しかも、東京に次いで巨大な放送エリアである関西には大阪テレビの一局しかなく、さらに大阪テレビはラジオ東京テレビ寄りの姿勢をとるようになっていた。

したがって日本テレビは、ネットワーク戦略上「どうしても同系のテレビ局を大阪につくることを必要」[5]としていた。朝日新聞社や電通での実務経験があり、慶應義塾大学の教員の後に読売テレビの代表取締役についた新田宇一郎は、「キー局（日本テレビ）の番組を関西に通す」という日本テレビなどからの「要請」も強かったと述べている[6]。

日本テレビからみた読売テレビは、一義的には、日本テレビの番組を関西エリアで放送する存在であった[7]。日本テレビの社史は、「できるだけ視聴率をあげる番組を、できるだけ多くの系列局にネットすることが、キーステーションの最初にして最後の目標となる」[8]（強調筆者）としている。言い換えると、読売テレビが自社制作を行うことは日本テレビの番組をネット受けしないことを意味し、日本テレビにとっては望ましくなかった。

読売グループ内において、読売テレビの自社制作を望まなかったのは、日本テレビだけではなかった。読売新聞社も同様であった。読売新聞社が読売テレビに一義的に期待したのは、自紙の名を冠した《読売新聞ニュース》などのニュースを放送することであった。読売テレビの設立に先立つ一九五二年、読売新聞社は大阪での新聞印刷・販売を開始しており、「発行部数は伸びていた」[9]。しかしながら、大阪を地元とする朝日新聞社や毎日新聞社と「競争しながらさらに伸ばすためには、電波媒体としてのテレビが必要[10]」であった。テレビ放送によるPR効果、つまり「読売新聞」の名を冠したニュースを放送することによる知名度の向上を期待した。放送による新聞の売り上げ増加は、ラジオにおいて実証済みであった。テレビ放送によるPR効果は、ラジオと同様の成果を狙ったものであった[11]。

一九六〇年前後のテレビのセールス状況は、後年と異なっていた。ローカルスポンサーは少なく、優良スポンサーの多くは全国ネットを望んだ。読売テレビの新田は、一九五九年四月第一週のテレビのセールス状況を自身で調査しているが、調査によると、ローカル営業の時間上の比率は一六・八％にすぎなかったという[12]。新田は、自身が読売テレビの経営に携わる数年前、テレビ放送を開始することになったラジオの「有力地方局の幹部」に対して、「九十九％ネット受けで、自社製作は一％にしなさい」と答えている。新田によれば、当時のテレビ放送は「海のものとも山のもの[13]」ともわからない状況であり、そのような状況下において自社制作は回避すべきものであった。

なかでも「教育」「教養」の制作は忌避された。一九六〇年六月三日付『朝日新聞』は、「民放テレビ局にとって教育番組は鬼門だ。聴視率は上がりにくいしスポンサーもつきにくい[14]」と伝えている。NHK出身の評論家である小中陽太郎によれば、例えば静岡放送は、「免許更新期になるとそれまでまったくごぶさたしていたNETに電話で、スポンサー付きでなくともいいから教育教養番組をネットするように要請、更新免許がおりると翌日、文字通りドライに打ち切りの電話をしてくる[15]」ほどに、「教育教養番組」は忌避された。

新田は、読売テレビの創業期を回顧するなかで、「準教育局として、番組制作は教育番組だけですまし、あとはできるだけネット受けでゆこうという基本的な考えがあった」[16]と述べている。つまり、初期の読売テレビは基本的に自社制作を回避したが、教育番組だけは例外的に自社で制作を行った。それは読売テレビが準教育局であったからに他ならなかった。

そもそも設立の経緯から見れば、読売テレビと毎日放送テレビは「教育」に対して積極的ではなかった。読売テレビは当初、一般局として免許が下されることになっていた。毎日放送テレビと読売テレビが競合した際、免許の一本化調整がなされたが、毎日放送テレビがチャンネル選択において若い番号の「4」を得ることを条件に、他の申請者である二つの教育団体を吸収し、毎日放送テレビのみが教育局として免許されることになっていた。しかし、後に毎日放送テレビが翻意し、最終的には毎日放送テレビと読売テレビにひとつずつの教育団体が割り当てられ、両局はともに準教育局となった。[17]設立の経緯において、毎日放送テレビと読売テレビは「教育」を押し付けあった。

義務としての学校放送番組

教育局と準教育局には「教育」「教養」の高い編成比率が求められたが、既述のように、「教養」よりも「教育」の方が、送り手が満たすべき要件が多かった。「教育」には「学校教育」と「社会教育」が存在したが、「学校教育」は学習指導要領などに準拠する必要があり、もっとも厳しい要件が課せられていた。教育局の開局にあわせて、文部省は『テレビジョン教育番組とその利用』という概説書を刊行している。学校教育番組と社会教育番組の特徴の一部を抜粋し、表に示した（表5-1）。社会教育番組についてみると、その対象は「不特定」を含み、放送法や電波法の規定よりも緩やかになっている。視聴対象が不特定

表 5-1　文部省の概説書における番組の要件

	学校教育番組	社会教育番組
対象	特定（学校・学年別等が決まっている）	特定 不特定ではあるが目的々にきこうとするもの
内容	教育課程の内容に準拠するもの	多彩な方法・形式で行われている現実の社会教育活動に応ずるもの
その他	あらかじめ番組内容が予知できるように配慮されていること	できるだけ番組が事前に予知できるようになっていること

であるのは、本来は教養番組であった。また、内容についても「多彩な方法・形式で行われている」、その他の項目では「できるだけ」という表現がなされるなど、対象と同様に、放送法や電波法の規定を緩和した表現となっている。

一方の学校教育番組には、厳格かつ明確な要件が示されている。送り手は、教育局あるいは準教育局の免許要件をクリアするには、第一に、より条件の厳しい「学校教育」の放送を実現する必要があった。

そもそも商業教育局が放送を開始した当時、送り手にとっての「教育」とは学校教育を意味した。日本教育テレビの浅田孝彦は、「教育番組というのは、学校番組なんです。学校でみるのが学校番組。免許が降りる時点で、ものをいった。それをやるから免許が降りた[18]」と回顧している。日本教育テレビのテレビ教育部長を務めた松村敏弘も、開局当初において送り手は「教育番組イコール学校向け番組と考えた[19]」という。「教育番組すなわち学校向け番組[20]」という認識は、準教育局においても同様であった。読売テレビの末次摂子は、開局当初を回顧するなかで、「教育番組なら学校放送がいいだろう」という「発想」に言及し、「足もとに火がついたような開局当時のあわただしい事情からはもっともなことだった[21]」としている。

しかしながら、属したネットワークの違いが、両局のその後に影響することになる。毎日放送テレビは教育局の日本教育テレビとネットを組み、読売テレビは一般局の日本テレビとネットを組んだ。教育局である日本教育テレビと組んだ毎日放送テレビは、「学校放送」は日本教育テレビが制作した番組をネットワーク経由で受ければよく、自社で制作する必要がなかった。毎日放送テレビの南木淑郎は、「ＮＥＴが教育局として、五〇パーセント以上の教育番組編成の義務を課せられていたことは、準教育局の毎日テレビにとっては極めて好都合であった」[22]と回顧している。一九六一年の毎日放送テレビの社史は、「教育番組全体の自社制作比率は二〇パーセント前後」だとしている。毎日放送テレビの「教育」の比率は全放送時間の二〇％であった。つまり全放送時間における教育番組の自社制作比率は、二〇％のうちの二〇％、つまり四％にすぎなかったことになる。[23]毎日放送テレビは、学校放送番組そのものは日本教育テレビの番組を受け、自らは学校放送番組を極力制作せず、[24]「教育番組の利用面と普及」[25]に徹した。

これに対して読売テレビのキー局である日本テレビは一般局であり、「学校教育」を放送する義務はなかった。したがって読売テレビは、キー局の制作する学校放送番組が期待できず、自社で学校放送番組を制作する必要があった。

「学校教育」の制作を回避する姿勢は、準教育局の札幌テレビも同様であった。札幌テレビは開局と同時に、日本教育テレビから「学校教育」をネット受けした。[26]札幌テレビは当初、日本教育テレビと日本テレビの双方とネットワークを組んだ、いわゆるクロスネット局であった。日本教育テレビと日本テレビの両局は、札幌テレビがクロスネットを解消し、自局と単独のネットワークを組むことを望んだ。編成比率上、札幌テレビは徐々に日本テレビ寄りとなる。

一九六二年四月、日本教育テレビは対抗措置として、札幌テレビへの「学校教育」関連の番組の配信を中止する。学校放送番組の配信を止められた札幌テレビでは、急遽四本の教育番組を自社制作しなければならなかった。札幌テレビの社史は、「レギュラー制作週4本は、少人数の製作体制的には冒険だったが、放送免許条件を満たすため、避けては通れない道[27]」であったと述べている。

商業教育ネットワークからの排除

一九六二年、札幌テレビは日本教育テレビとのネットワーク関係を解消する[28]。それはすなわち、日本教育テレビの学校放送番組の配信を受けられなくなることを意味した。

日本教育テレビとのネットワーク解消に先立つ一九六〇年、札幌テレビは、日本テレビとネットワーク関係にあった読売テレビの学校放送番組に興味を示す。しかしながら、当時のマイクロ回線網は十分ではなく、札幌テレビがマイクロ回線を通じて読売テレビの学校放送番組をネット受けするためには、在京の日本テレビも同様に、読売テレビの学校放送番組を受ける必要があった[29]。

しかしながら、一般局の日本テレビには免許要件、視聴率、営業などのあらゆる面において学校放送番組を受けるメリットはなかった。結果的に、日本テレビは読売テレビの学校放送番組をネット受けせず、したがって札幌テレビは、読売テレビの学校放送番組を受けることができなかった[30]。

準教育局は総じて、学校放送番組の制作に消極的であった。古田尚輝によれば、「教育専門局はどうにか採算性が取れると判断される東京だけに限り、その局に番組制作・供給センターの機能を持たせて各局が支援する」というのが「民間放送事業者の本音」であった[31]。自局での「学校教育」の制作を回避した札幌テレビや毎日放送テレビの姿勢は、民放の総意に従ったものともいえた。

視聴率の期待できない「学校教育」関連の番組は、教育局かつ在京キー局である日本教育テレビにとっても、経営上の大きな足かせとなっていた。学校放送番組にかかるコストとリスクを分散する必要に迫られた日本教育テレビは、一九六二年一月、第一章でみたように、自社の学校放送番組の全国的な普及を促進するため民間放送教育協議会を発足させた[32]。元日本教育テレビの今野健一と高田修作によれば、「自分んとこで作るなんて馬鹿らしい、誰も観てないんですから。で、日本教育テレビが午前中学校放送をやっている、それを映そうということで、TBS系列、フジテレビ系列、日本テレビ系列を越えて、NETの学校放送はまさにすごい全国ネットになってしまった。最高三十局くらいがネットした[33]」と回顧している。

民間放送教育協議会は、民間放送教育協会（以下、民教協）へと発展し、実質的に、学校放送番組の制作・配信を行う全国的なネットワークとなった。一九六一年に刊行された日本民間放送連盟『民間放送十年史』の日本教育テレビの項には、「ネットワークを制するものは、テレビ放送界を制するといわれるほど、ネットワークの強化は社業の発展のうえで重要な課題となっている[34]」と記述されている。その上で同書には、「学校番組のネット伸長はこの目的のために重要な役割りを果たし、娯楽番組のネット拡充のあい路を調整するカギとなりつつある[35]」と記された。

しかしながら、ネットワークは排他的性格をもっていた。ネットワークを組むテレビ局は、同じ放送エリア内では基本的にひとつの局に限られた。放送そのもの、あるいは営業面において競合するからである。したがって、日本教育テレビとネットワーク関係にあった毎日放送テレビが発足当初から民教協に加盟したのに対して[36]、毎日放送テレビと放送エリアを同じくする読売テレビの加盟はありえなかった。読売テレビは、民教協あるいはその前身の民間放送教育協議会に加盟できず、日本教育テレビが制作する「学校教育」の配信から排除されていた。

学校放送番組の自社制作を迫られた読売テレビであったが、開局直後の同局の制作力は低かった。同じ開局直後といえども、毎日放送テレビの状況は読売テレビと異なっていた。約六年にわたるラジオ放送を経験しており、さらに経営参加していた大阪テレビにおいてテレビ放送を経験していた。毎日放送テレビは大阪テレビに多くの人材を供出しており、大阪テレビが朝日放送に吸収合併された際に、それらの人材は毎日放送テレビに復帰していた。読売テレビの末次によれば、「何の経験もない」読売テレビでは、「とにかくＮＨＫの教育番組の真似でいいんじゃないか」ということになったという[37]。

「教育」という種別には「学校教育」と「社会教育」の二種が存在したが、量的規制に「学校教育」と「社会教育」の別はなかった。つまり、「教育」の量さえクリアすればよく、それは「学校教育」であっても「社会教育」であってもよかった。

しかしながら既述のように、送り手である商業教育局には「教育番組イコール学校向け番組[38]」という認識があったがために、読売テレビは制作能力も低く、なおかつ「学校教育」に対して消極的であったが、結果として、学校放送番組の自社制作に踏み切らざるをえなかった。

在京キー局の異なる免許要件

学校放送番組だけでなく、番組の自社制作そのものを回避した読売テレビの姿勢は、キー局への依存と同義であった。配信される番組のセールスは、基本的には送り出し局が担当した。また配信は、基本的にはマイクロ回線を通じて、同時刻に行われた。したがって番組の配信を受けるということは、受け局からみれば、番組の制作だけでなく営業あるいは編成における依存であり、受け局の多くのローカル局は配信された番組を放送するだけであった。しかしながら、ローカルスポンサーやローカルセールスが少ない当時のセールス状況にあっては、営業面においてもキー局に依存する方が、一般的に経営上のメリットは大きかった。[39]

マイクロ回線網の拡充も遅れていた。東京と大阪四局ずつが出揃う一九五〇年代末の時点において、ネットワーク回線は少なく、なおかつ岡山・広島・福岡方面あるいは和歌山・四国方面のマイクロ回線は大阪を経由していた。[40] 東京から配信される番組を大阪が受けなければ、大阪以西に届かない状況であった。在京キー局の番組配信を希望する地方局にとって、在阪局がローカル編成を行うのは望ましくなかった。地方局は、在阪局がキー局の番組をネット受けすることを望んだ。

一九五九年に導入された、いわゆる番組調和原則によって、一般局に対しても「教育」「教養」あわせて三〇％以上が課せられた。[41] したがって一般局の日本テレビも、「教育」「教養」を制作していないわけではなかった。しかし「教育」「教養」の規制量の合計は、一般局の日本テレビが三〇％であるのに対して、準教育局の読売テレビは五〇％と、両者には二〇ポイントの開きがあった。すなわち、日本テレビにおける「教育」は、三〇％から「教養」を引いた量であり、読売テレビにおいては「教育」のみで二〇％を達成する必要があった。日本テレビも「教育」「教養」を放送しなければならなかったが、それ以上の量を読売テレビは放送せねばならなかった。読売テレビは、自社制作の量を抑えるために日本テレビの番組をより多くネット受けしたかったが、一方で、日本テレビよりも厳しい「教育」の規制量をクリアしなければならなかった。

これらは、読売テレビと日本テレビの種別分類の差となって表れた。例えば、日本テレビが「娯楽」に分類していた番組を読売テレビがネット受けして関西で放送した場合、まったく同じ番組であるにもかかわらず、読売テレビは当該の番組を「教育」や「教養」に分類した。読売テレビの種別分類について、読売テレビの岡部高明は、次のように回顧する。

午前中に教育教養のローカル番組を組んでも免許条件のパーセントが足りず、NTVのスポーツ、娯楽番組のいくつかを教養番組の分類わくに入れて郵政省に出した。ネット番組の分類を勝手に変える件ではNTVの岩淵編成管理部長（のちに専務）のお世話になった。「NTVとしては変えられぬが、YTVは都合で変えても、それはグレーゾーンとして郵政省に理屈を通してやる」と言われうれしかった。当時「箱根を超えると娯楽番組が教養番組になる」と言われた。[42]

このような分類は恣意的だとして、ジャーナリズムあるいは視聴者や政治家から批判された。しかしながら、種別の規制量の異なる局同士がネットワークを組んで番組を交換すると、結果として、種別分類が異なることは少なくなかった。日本教育テレビから配信された番組を毎日放送テレビが放送した場合、毎日放送テレビの分類は日本教育テレビでの分類と異なることがあった。日本教育テレビの北代博は、「毎日放送はオブリゲーションがないわけですよ、準教育としてスタートしてますからね。同じ番組であってもね、向こうにいけば教養番組だったり娯楽番組だったりね[43]」と回顧している。番組種別の問題は、放送免許に関わるだけに、送り手内部では繊細かつ重要な問題であった。「教育」「教養」の制作を主導した末次は、番組の種別分類について、「政府の免許の書き替えが近づくたびに、かなり過酷な業務を要請された」[44]と述べている。免許事業である放送事業にとって「教育」「教養」の比率は免許要件であったため、再免許に際して種別分類には細心の注意が払われた。

読売テレビでは、一貫した「教育」「教養」を放送する必要性が高まっていたが、そのためには自社の判断で番組を編成することができる枠を確保し、なおかつ番組を自社制作する必要があった。

2 主婦向け「社会教育」に見出した光明

極めて低い学校放送番組の視聴率

送り手に忌避された学校放送番組であったが、制作するメリットがないわけではなかった。毎日放送テレビのようなラテ兼営の場合、映像を扱わないにしても、先行するラジオ制作などを通じて、一定程度の制作力や社会関係資本を築くことができた。それに対して、ラジオの前史を有さない読売テレビは、番組制作そのものの経験が少なかった。しかしながら読売テレビでは、学校放送番組の制作を通じ、徐々に制作力が高まったという。読売テレビの編成・杉谷保憲は、「結果としては、われわれ入社したばかりの人間にとって、テレビ番組のつくり方の訓練になった」[45]と述べている。読売テレビの社内には、「教育・教養は持ち時間ワクがたくさんあって、ネットワークその他の事情を考えず、思う存分に腕がふるえたというところがありました」[46]という声もあった。自社制作に対して消極的であった初期の読売テレビでは、映画や舞台経験者を中心にしてドラマは制作されたが、その他の番組の制作は少なかった。そのような状況において、学校放送番組の制作は、制作能力を高める貴重な場となっていた。

一方で、読売テレビ内部には、教育番組に対する固定的な見方が存在した。末次は、「何よりも虚しい気分にさせられたのは「教育番組はシンプルであるべきで、多彩な表現様式を志向するのはまちがいだ」という意見であった[47]」と述べている。制作者であれば「視聴覚表現の多様性を狙おうとするのは当然」であり、「創意や研鑽や冒険のないところに進歩」はないと末次は考えていた[48]。末次は、京都日日新聞社・中央公論社・大阪読売新聞社と活字メディアを経由してテレビに参入したが、「スタートして半年もたつうちにはカツ然としてテレビの機能にめざめ、活字文化以来の豊富な素材をこの新しい舞台に投じてみたい、という衝動[49]」に駆られたという。

一方で末次は、「テレビに来たら、いかに営業が大切か、目が覚めた」と述べ、「教育」「教養」といえどもスポンサーへ訴求し、また高い視聴率を得ることの重要性も自覚していた。

極めて低い視聴率の学校放送番組は、広告モデルを採用した商業局として看過できない問題となっていた。読売テレビ編成局の杉谷は、「当時の学校放送は、学校の生徒が見てくれるわけでもなければ、お母さんが見てくれるわけでもない[50]」と回顧している。教育教養部[51]を率いた末次は、学校放送番組の利用状況を視察しているが、教室におけるテレビの利用実態は「非常に虚しい[52]」ものであり、「じっさいには各学校教育現場での利用価値がほとんど無い[53]」状況だったという。同じ準教育局の毎日放送テレビも、「学校での聴視状況を調べてみると、ほとんど利用されていない」のが実態であり、「もちろんスポンサー筋も敬遠して買ってくれない」状況であった。

一九六〇年代の高度成長のなか日本国内で教育熱が高まったが、日本教育テレビにおいても一九六〇年代に入ると「学校放送番組のニーズに、生涯教育としての側面が見出されるようになってきた」[54]。既述のように、「教育」は視聴対象を限定する必要があったが、視聴対象を厳密に規定しなければならない「学校教育」に対して、「社会教育」は「おおよそ」でよかった。高度成長期などを背景に、一九六〇年代テレビは急速に家庭のなかに入っていったが、午前と午後の日中に、家庭の受像機の前にいるのは大半が主婦であった。末次らによれば、開局から約一年後の一九五九年九月、読売テレビは主婦を対象とした「社会教育」へと、速やかに重点を移した[55]。

自社制作を余儀なくされた読売テレビ

ここで再び、民放テレビ局におけるネットワークの影響について検討してみたい。ネットワークは「系列」ともいわれ、既述のように、排他的性格を有していた。ネットワークにおいては、番組交換だけでなく、報道や営業あるいは番組編成などについて共同歩調をとることになる。ネットワークに加盟する局の結びつきが強まることは、他の局を排除することと同義であった。既述の通り、同一エリアに同じ準教育局の毎日放送テレビが存在したため、読売テレビは日本教育テレビの学校放送番組を受けられなかった。ネットワークを通じて受けられないのは、学校放送番組だけではなかった。日本テレビとネットを組む限り、読売テレビは、日本教育テレビの他の教育番組や教養番組の配信も受けることができなかった。

日本テレビと読売テレビは属性あるいは志向など様々な面において異なったが、両局は編成方針も異にした。日本テレビから送られてくる「教育」「教養」の番組編成や内容は、たびたび見直された。番組編成や番組内容の見直しは、一般局である日本テレビにとっては問題ない形で行われたが、準教育局である読売テレビでは「教育」「教養」の種別量の観点から大きな問題となった。読売テレビからみれば、当時の日本テレビは「教育・教養番組がきわめて少な」い上に、「その教育・教養番組も、時の推移とともに制作の方向や重点がかなり変わっていった[56]」。

読売テレビにおける、主婦を対象とした「社会教育」への移行は、準教育局としての免許要件をクリアするために必須であった。しかしながら日本テレビを頂点とした一般局のネットワークに加盟している限り、学校放送番組がそうであったように、「社会教育」に関連した番組も、読売テレビは自社制作する必要があった。

ローカルセールスの増加――大阪色による地元スポンサーへの訴求

読売テレビの開局時に低調であったテレビのローカルセールスであるが、そもそも読売テレビが開局した時点において、大阪で放送を行っていた民放テレビは、大阪テレビの一局のみであった。一九五八年から一九五九年にかけて、大阪では読売テレビ・関西テレビ・毎日放送テレビの三つの民放テレビが開局した。これによってテレビCMの大きな広告効果が、関西地区でも徐々に認知されるようになっていた[57]。しかし読売テレビは、在京キー局である日本テレビの番組を多く流しており、先発の大阪テレビなどと比べて「大阪色」が弱かった。読売テレビ制作局の川上修司は、「日本テレビの番組がすべて東京中心で、このためOTV〔大阪テレビ〕に比べて大阪向きのものが少ないことも、ちょっと辛かった[58]」と述べている。ローカルセールスの需要の高まりのなかで、大阪色の弱さは不利であった。キー局である日本テレビに対して大阪色の強い番組の制作・配信を要望するのは現実的ではなかったが、自社制作であれば比較的容易であった。「大阪色」は、スポンサーが要望する限りにおいて、セールス面で大きなメリットがあった。

読売テレビでは、日本テレビのネットワーク戦略に振り回されない大阪色豊かな番組が必要となっていたが、それは、上記のような特色をもった番組を、読売テレビが自主編成できる放送枠が必要であることと同義であった。読売テレビの元制作局プロデューサー・山口洋司は、娯楽番組の「ほとんどが日本テレビから流れてくる状態」であり、「ローカルで展開できるのはごくわずかの時間」しかなかったと述べている。[59] 末次によれば、当時読売テレビは、「日本テレビの風下で、なんでも日本テレビの命令で」動くような状況であった。読売テレビが開局して二年ほどは、「ローカルわくが突如、ネットわくになったり、完全パッケージわくが急にセミネットわくになったりし、日本テレビの編成に振り回された時期」[60]であった。読売テレビの川上によれば「あのころは、日本テレビは自分のところのタイムテーブルだけしか考えていなかった」[61]という。毎日放送の高橋信三は、「大阪には民放四局ございますが、毎日放送以外の三つの局はいろんな意味におきまして東京の局とつながっております。そのつながり方というものは、非常に依存度の高いつながり方である。植民地とまでは申しませんが、独立性におきましてはわが毎日放送に及ばないのではないか」と述べた。

第四章でみたように、毎日放送テレビは強いキー局志向を有していた。毎日放送テレビは、発枠を少しでも多く確保し、東京や全国に向けて番組を配信することを志向した。一九六五年、毎日放送テレビは日本教育テレビに対して、「学校教育」枠のネット化を主張している。[62] 免許要件をクリアするために「学校教育」を放送しなければならない日本教育テレビに対し、その必要のない毎日放送テレビは「学校教育」

枠をネット枠とし、自らが制作した番組の配信を受けることを日本教育テレビに要求した。量的規制の緩やかな毎日放送テレビと日本テレビは、ネット編成つまり非ローカル編成を求めた。一方で、量的規制の厳しい日本教育テレビと読売テレビは、種別上の「教育」「教養」を確保するためのローカル枠が必要であった。しかしながら、日本テレビの意向によって設立された読売テレビは、日本テレビの番組を「関西に通す」[63]ことが求められ、大阪ローカルでの編成は期待されていなかった。読売テレビは日本テレビに対して従属的であり、自らのローカル枠の確保は容易ではなかった。

そのような状況のなか、開局当初から桎梏として捉えられていた「学校教育」枠に対する読売テレビの認識が、一転する。末次らが「わが社がＮＴＶと相談せずに自主的に編成できる時間帯は午前中だけ」と述べるように[64]、準教育局として必須の「学校教育」枠は、日本テレビの意向から独立してローカル編成を行うことができる枠と認識されるようになった。読売テレビのトップであった新田宇一郎は、「開局以来、教育番組20％以上、教養番組30％以上を確保するためのローカルわくがありました[65]」（強調筆者）と述べている。準教育局の免許要件である「教育」「教養」の量的規制を梃子に、「学校教育」枠においては高い自律性を確保することができた。

読売テレビ独自の主婦向け「社会教育」

前項でみたように、読売テレビにおける婦人向け「社会教育」番組へのシフトは「学校教育」枠でなされた。具体的には、月曜から金曜の午前一一時から一二時の枠である。一年足らずの間ではあったが、読売テレビが学校放送番組を自主的に制作し、放送した枠であった。同枠は、読売テレビが準教育局である限り「教育」を自主的に編成する枠として必要であったが、読売テレビは同枠で、一九五九年九月から婦人向けの「社会教育」番組を編成する。初期の読売テレビは、どのような婦人向けの「社会教育」番組を自社で制作し、ローカルで放送したのであろうか。

読売テレビの婦人教養番組を主導した末次は、日本テレビの婦人向け番組との差異化を図った。末次によれば、当時の日本テレビの婦人向け教養番組は「実用的」であったという。読売テレビ社史は、同年の日本テレビは「かなり実益的色彩を濃くしてきた」[66]と表現している。末次は、「実益番組」の例として「料理・育児・衣服」[67]をあげている。同枠で放送された日本テレビの番組は《クッキングスクール》《家庭百科》《おしゃれ教室》《室内装飾入門》などである。日本テレビの「実益」とは、主婦の家事に直接的に役に立つということであった。

それに対して末次らは、「がらりと趣をかえて「精神的な内容を盛る」もしくは「趣味性の強いものにしよう」[68]と考えた。読売テレビで放送されたのは、《源氏物語》《芸術教室》《俳句教室》《いけ花教室》《茶道教室》などであった[69]。「教室もの」などと呼ばれるこれらの番組は、《奥様自動車読本》《テレビとともにやせましょう》《レディの英語》などと「折柄の世相を敏感にとり入れ」つつ、一九六〇年から一九六三年にかけて興隆していく[70]。

読売テレビの「精神的」あるいは「趣味性」の高い番組は、日本テレビの「実益」と異なり、家事などに直接的に役に立たないものが採りあげられている。読売テレビの婦人向け「社会教育」番組は、家事に縛られることなく、それ以外に学びの領域を広げることが積極的に企図されていた。

しかしながら婦人向け「社会教育」には、別の桎梏も存在した。ゴールデンタイムに編成される「娯楽」番組などと異なり、「社会教育」番組は高い視聴率が期待できないため、総じて予算が低かった[71]。日本教育テレビなど他の商業教育局と同様に、高い視聴率の期待できない読売テレビの「教育」は、「スポンサーから敬遠された」。編成の杉谷保憲は、「教養・教育番組は時間もCタイムで、スポンサーはつかないものと決めてかかっていた[72]」という。Cタイムとは、セールスにおいてもっとも低い単価の時間帯であった。読売テレビの川上は、「教育番組は売れなかった。「テレビは文化だ」とかいっても、一般的には受け入れてもらえない[73]」と述べている。高い営業能力を有する毎日放送であっても、「学校教育」は「もちろんスポンサー筋も敬遠して買ってくれない[74]」状況であった。

既述のように、スポンサーがつかないからこそ自由な発想が可能であったが、しかしながらそれは、広告モデルを採用した商業教育局においては必然的に低予算であることを意味した。また当時の読売テレビには、「芸能番組で儲けて、それを教養・教育番組とか報道特別番組につぎ込む[75]」という規範も存在した。「教育」は低予算ではあったが、半面において制約が少なく、自由な発想や制作が可能であった。

一方で、教育・教養の制作を担当した末次は、「スポンサーにも注目されないような感じじゃしょうがない[76]」と考えていた。末次は、教育や教養だからといって「地味なことばっかりやってるのも嫌だ」として、教育・教養の枠内でありながら「芸能」を積極的に採りあげるなど、従来の「教育」の枠に留まらない番組を志向した。末次は後に、「主婦むけニュースショーのはしり[77]」である《テレビマガジン》も制作している。

一九六〇年前後の読売テレビは、低予算・非実益・大阪色豊かな婦人向けの「社会教育」番組を自社制作しローカル編成したが、それを可能としたのは「学校教育」枠であった。読売テレビの「学校教育」枠は、主に月曜から金曜の午前一一時台であったが、次節では、当該の枠に留まらない読売テレビの展開をみていく。

3　関西ローカルから全国ネットへ——地域性と画一性の相克

動員される関西の知識人や文化人

低予算・非実益・大阪色豊かな主婦向けの「社会教育」番組を実現するため、読売テレビの制作者が検討・導入したもののひとつは、文化人や知識人の出演であった。「教育」「教養」に分類でき、なおかつ低予算で大阪色豊かな番組を制作する上で、大阪色の強い文化人や知識人は極めて有効であった。

竹村健一は、すでに在阪の大阪テレビでテレビ出演の経験があったものの、まだ知名度は低かった。大阪出身の竹村は英語が堪能であり、読売テレビで英会話の番組の司会を務めた。竹村は、日本テレビと読売テレビとの共同制作[78]である《11PM》（一九六五年〜）の読売テレビ担当回の司会者として、パイロット版に出演している。《11PM》の司会者は、最終的に作家の藤本義一が務めたが、藤本も竹村同様に大阪出身であった。読売テレビが登用した女性文化人のひとりに、イーデス・ハンソンがいる。イーデス・ハンソンは一九六〇年に来日したアメリカ人で、大阪在住であった。読売テレビが見出したイーデス・ハンソンは、後に日本教育テレビの《桂小金治アフタヌーンショー》でも人気を得る。三者はともに、テレビ出演において大阪弁を話すのが大きな特徴であった。

社会教育番組に動員された知識人や文化人は、大阪に縁のある人間だけではなかった。京都を中心に活躍した知識人や文化人も積極的に動員された。末次らは、主婦向けの番組に「精神的な内容」や「趣味性の強いもの」を持ち込むため、「当代の一流人を揃えよう」と考えた[79]。末次は、大阪読売の記者になる以前に、京都日日新聞社の記者を務め[80]、多田道太郎や加藤秀俊などの京都大学を中心とした研究者や[81]、同じ京都で文化記者をしていた司馬遼太郎などと懇意であった[82]。

末次は自らの社会関係資本を活かし、大阪出身の知識人や文化人同様に、京都の知識人や文化人に積極的に接近した。それはテレビというニューメディアに、オールドメディアである新聞や出版などの活字文化を採り入れることでもあった。末次は、自らを「ジャーナリスト」と称し、「ジャーナリストの生き甲斐の一つは〝伯楽のよろこび〟にある」とした。末次は、「われわれは多くのすぐれたタレントを、世にさきがけて発掘し、勇気を持ってブラウン管にのせた」と述べている[83]。

京都に幅広い社会関係資本を有する末次は、皇室関係者の出演も積極的に企図した。一九六〇年五月、「おスタちゃん」の愛称で人気のあった島津貴子が結婚した際には、大阪から九州までの船旅を中継番組として企画・放送している。当時としては極めて異例の大規模中継であった。社史は「教育番組スタッフが作った異色報道番組」と評している。

男性向けの夜のワイドショー《11PM》も、末次率いる教育教養部が担当した。《11PM》の初代アシスタントの安藤孝子は京都の芸妓であったが、芸妓の出演も当時としては極めて異例なことであった[84]。

「教育」「教養」関連の番組は低予算であったが、当時の読売テレビ・教育教養部は低予算を逆手にとり、積極的に無名の才能を出演させた。読売テレビの婦人向け「社会教育」番組が興隆した時期は、稲垣恭子が雑誌『婦人公論』の分析を通じて明らかにした「お茶の間論壇」の誕生期（一九五七〜一九六七年）と重なる。『婦人公論』は新人を積極的に登用し、「現実の生活感覚をベースとして論じ合う場が生まれ[85]」た。同時期の在阪の準教育局においても、新たな教養的メディア空間が誕生していた。

以上みてきたように、それ以前にテレビ出演が検討されなかった人物への接近は、低予算でありつつ「教育」「教養」の要件を満たし、なおかつ高い地域性を実現するものであった。一方で、無味乾燥な「教育」や「教養」にならない企画や演出を多分に含んでいた。様々な出演者が番組に多様性を持ち込んだが、それは読売テレビの免許が広域免許であったがゆえに可能であった。多くの地方局が県域免許であったのに対し、広域局の読売テレビは、大阪・京都・兵庫・奈良・和歌山・滋賀をサービスエリアとした[86]。当初必要とされたのは「大阪色」であったが、大阪を関西へと拡大することで、京都の知識人や文化人を対象とした幅広い動員が可能となった。

娯楽化する「社会教育」

末次は「教育」「教養」を広義に解釈し、様々なジャンルに積極的に取り組んだ。既述のように、一九六五年に始まった夜の男性向けニュースショー《11PM》も末次らの教育教養部が担当したが、《11PM》は「もともと報道番組[87]」として放送が開始された。読売テレビプロデューサーの橘功は、同番組を教育教養部が制作する経緯について、「芸能情報もあるが、ニュースを中心とした情報を提供する番組だから、教育教養部がよろしかろうということになった」と述べている。第三章でみた日本教育テレビのニュースショーと同様に、読売テレビのニュースショーの誕生にも教育や教養のセクションが大きく関わった。《11PM》では、「普通のニュースショーではつまらないので、これを週刊誌風にアレンジ[88]」した。読売テレビのニュースショーには雑誌的な構成が採り入れられたが、これも日本教育テレビと同様であった。一九七〇年に放送が始まった《お笑いネットワーク》は、後年まで長く続いた演芸番組だが、その前身は、一九六六年に放送が開始された《奥さま寄席》という女性向けの教育・教養番組であった。《奥さま寄席》《お笑いネットワーク》は、ともに末次らが制作している。[89] これらの番組からは後の「上方お笑い大賞」が生まれているが、準教育局の読売テレビでは、演芸などのお笑い番組も「教育」や「教養」の範疇で扱われた。

末次は、様々な教育・教養番組を制作したモチベーションのひとつに「芸能への対抗心[90]」をあげている。ともすると「地味なことばっかり」になりがちな教育・教養番組に、末次は「芸能」の要素を積極的に取り入れた。末次は自らドラマの企画書を書き[91]、教育教養部の部下を積極的に関与させている。末次は、モノの値段を当てるプライスクイズ《巨泉まとめて百万円》も手がけたが、末次は「クイズだって断片的にしろ、いながらにして好奇心を満たしてくれます[92]」とした上で、「やっぱり教育・教養番組の延長線にあったような気がする[93]」と述べている。

末次らの試みは、多くの視聴者に受け入れられ、結果的に高い視聴率や話題を得た番組が多かった。しかしながら、それらの成功と並行して、テレビ局や放送の在り方そのものが次第に変化していく。

ネットワークの拡大

一九六〇年代のテレビ放送は、高度成長期を背景に急速に普及し、産業として拡大した。放送時間は急伸し、内容的にも様々な新形式の番組が生まれた。それとともに放送局そのものが増えていった。しかしながら、地方局をはじめとした小さな局は規模が小さく、制作力も低く、また放送エリア内の出演者も少なかった。在京や在阪のテレビ局以外のほとんどは、自社での制作はあまり行わず、東京あるいは大阪の局などが制作した番組を放送した。それは、在京キー局の意向であり、各局の親会社や新聞社をはじめとした大株主の要請でもあった。テレビ局は必然的に、ネットワークという形態を目指すことになる。一九六一年には、公正取引協会『テレビ画面の影にあるもの――テレビ・ネットワーク研究』(公正取引協会)、翌一九六二年には今道潤三『アメリカのテレビネットワーク――機能と運営』(広放図書)が公刊されている。一九五〇年代末の第一次大量免許発行、あるいは東京と大阪八局が出揃ったことで、テレビのネットワークに対する関心が急速に高まっていた。

ネットワークの拡大は、一面においては、キー局の主導が強まることでもあった。第四章でみたように、一九五〇年代の大阪テレビのようなクロスネット局は、受け局としての地位が高く、在京キー局の力は相対的に弱まる。反対に、クロスネットではなく、単独でネットワークに加盟する場合、キー局への依存性が高まり、受け局の地位は低下し、キー局の力は相対的に強くなる。ネットワークの拡大は、在京キー局からみれば、自らのネットワーク加盟局を日本全国に広げることに他ならないが、その加盟は排他的、つまり全国のローカル局が自らのネットワークのみに加盟することを目指したものであった。

排他的ネットワークの拡大には、二通りあった。ひとつは、自らのネットワーク局を新たに開局させる場合である。読売テレビが典型である。

もうひとつは、放送を開始している局を自らのネットワークに加盟させる場合である。当該の局がひとつのネットワークのみに加盟している場合、他のネットワークから加盟局を奪うことになる。加盟が複数、つまりクロスネットである場合は、他のネットワークを排除することになった。

自らのネットワーク局を新たに開局させる場合、他のネットワークとの直接的な軋轢は生まれにくい。しかしながら、新たな放送免許の獲得が必須であり、新局の免許を獲得するのは容易ではなかった。また、放送事業を一から立ち上げる必要もあった。

すでに放送を開始している局を自らのネットワークに加盟させる場合は、他のネットワークとの直接的な軋轢が生じ、多くは熾烈な囲い込み競争となった。例えば、一九六二年に開局した名古屋テレビは、日本テレビと日本教育テレビのクロスネット局として開局した。日本テレビと日本教育テレビはともに、名古屋テレビに対して自らのネットワークとの単独ネットを希望した。当時、日本教育テレビの社長であった大川博は、民放ネットワークに造詣の深かった喜多幡為三を自社に招聘し、名古屋テレビの単独ネット化を推進させた。しかしながら日本教育テレビの番組は、視聴率の面で日本テレビの番組に大きく水を開けられ、名古屋テレビは日本テレビに接近していった。日本教育テレビの単独ネット工作は進まず、喜多幡は自ら命を絶った。喜多幡の自死は、一九六〇年代のネットワーク競争がいかに厳しいものであったかを物語っている。

日本テレビのネットワーク局として新設された読売テレビでは、ネットワーク間の引き合いはなかったものの、日本テレビのネットワーク戦略の強い影響下にあった。一九六〇年代初頭に繁茂した読売テレビの「社会教育」番組は、ネットワーク競争のなかで徐々に変容する。

全国ネット化する「社会教育」

午前一一時から一二時の社会教育番組の枠は、一九五九年以来読売テレビのローカル枠であったが、一九六三年、一転してネット枠となった。送り出し局、いわゆる発局は、日本テレビであった。日本テレビは同時間帯に、アニメーションや料理番組を制作した。さらに日本テレビは、子ども向け番組である《ロンパールーム》を帯で編成した。同番組は全国ネットの子ども向け「教育」番組であったが、その後一〇年続く長寿番組となる。準教育局の免許要件を梃子に獲得した自社編成枠であったが、キー局である日本テレビの要請に屈する形で、読売テレビはローカル枠を手放した。

一方で読売テレビは、午前一一時から一二時の社会教育番組の枠に代わる新たな枠を得ている[94]。土曜の午後や木曜の夜などに、読売テレビ制作の枠が新たに設けられた。末次は《美女対談》(一九六三年〜)や《美男対談》(一九六五年〜)など、「文化人の司会者による対談番組」を企画している。それぞれ今東光と瀬戸内晴美が司会を務め、「トーク番組の原型」ともいえる内容であった[95]。この他、「インタビュー番組、トーク番組の試み」[96]として、一九六四年には伴淳三郎の《人生相談》や《一等夫人》の放送が開始された。

一九六〇年代半ばに制作されたこれらの番組は、大阪ローカルではなく、全国ネットの番組であった。読売テレビ以外のネットワーク加盟局は一般局であり[97]、教育的であったとしても高い視聴率が求められた。その限りにおいて「娯楽」の要素は必須であった。「教育」「教養」的であったとしても、「娯楽」の要素を加味することで視聴者への訴求力を高める必要があった。大阪ローカルの枠は失ったものの、それに代わる全国枠を得た読売テレビは、一九六〇年代半ばから在京キー局に次ぐ発局、つまりは準キー局としての性格を強める。

女性向けの教育・教養番組が興隆する一方で、一九六四年前後の読売テレビでは、「報道番組などの制作がだんだん難しく[98]」なっていた。読売テレビ報道局の柄子澄雄は困難になった理由を、「朝から晩まで毎日が完全にレギュラーシステムになったため、報道自体のワクがレギュラーニュース、あるいは本当の大事件だけに狭められたから[99]」と述べている。ニュースの対応は、各局がローカルで行うのではなく、キー局を頂点としたネットワーク全体で取り組むようになっていった。読売テレビ内には、「日本テレビが全日放送の編成方針をとるようになり、その結果、空き時間を使ったローカル編成を読売テレビ独自に自由に組みにくくなったことが大きく影響[100]」しているという見方もあった。

民放ネットワークが拡大するなかで報道番組のレギュラー化が進行し、報道番組は帯の生放送として連日放送されるとともに、全国ネット化していった。それにあわせて、キー局の指導体制が強化され、読売テレビの自律性は再び低下した。

在阪局の準キー局化——求められる発局としての機能

一九六六年、日本テレビを頂点とする「日本ニュースネットワーク」（NNN）が発足した。発足時の加盟局は、日本テレビを含めて一六局にのぼった。

読売テレビの開局時は、日本テレビと読売テレビの二局間の関係であったが、一九六〇年代半ばにおいてはネットワーク単位での連携が必要となっていた。読売テレビはキー局である日本テレビに次ぐ地位に固定化され、いわゆる「準キー局」となり、日本テレビをキー局とするネットワークに搦めとられていった。

一方で、読売テレビの発局化は、読売テレビ自らが進んで選び取った道でもあった。開局後数年間、読売テレビは「対日本テレビ、あるいは番組編成のなかで、「自分たちはキー局の指示で動くローカル局である」という思いを、さんざん味わされて[101]」きたという。読売テレビのドラマ制作者の荻野慶人は「〝日本テレビ大阪支社〟という立場に置かれているといわれているが（略）ほんとうにそうだ。「穴があいたから読売テレビさん、こんど、やってくれよ」という具合に日本テレビの、ご都合主義でやられてはかなわない[102]」と述べている。一方で、読売テレビ・制作局の尾中信明は、「全国的に通用するものを大阪から出すんだという姿勢でものをつくってきました[103]」と述べている。在京キー局に対抗するということは、在阪のローカル局として独立するというよりも、ネットワーク内における発局としての存在感を示すことであった。

しかしながら、一九六〇年代は政治や経済における東京一極集中が進み、内容面において「全国的に通用するものを大阪から出す」のは困難になりつつあった。《11PM》は週五日の帯番組であったが、このうち読売テレビは二曜日を担当していた。読売テレビ・編成局の杉谷保憲によれば、「大阪でマガジンタイプをつくろうと思っても、われわれのところに素材がありません。したがって、大阪では一日一テーマにしよう[104]」ということになったという。読売テレビが担当する《11PM》のスタイルは、「ワンテーマ主義のワイドショー[105]」として定着する。

また一九六〇年代は、テレビ番組制作そのものにおける東京と大阪の格差が拡大していった時期でもあった。一九六〇年代後半から、読売テレビはドラマにおいて「大阪もの」と呼ばれる一連のシリーズをヒットさせている。《道頓堀》（一九六八年〜）、《ややととさん》（一九六九年〜）、《細うで繁盛記》（一九七〇年

〜)、《ぼてじゃこ物語》(一九七一年〜)などである。[107] 内容的には、極めて「大阪色」の強いものであったが、一九七〇年読売テレビは東京支社に制作部を新設し、[108] ドラマ制作の軸足を東京へ移している。[109] 出演者だけでなく、制作スタッフや技術・美術スタッフなどのあらゆる面において、東京の制作環境の優位性が高まったからであった。読売テレビ・制作局の豊田千秋は、東京支社制作部の新設について、「ローカル局からキー局へというか。一種のキー局に変わるひとつの転機だった[110]」と述べている。

読売テレビはネットワークにおける準キー局として、全国ネットの番組を発信する機能を担うようになった。そのような状況の先鞭をつける形で、読売テレビの婦人向け社会教育番組は全国ネット化していった。

本章では、一九五〇年代末から一九七〇年前後までの読売テレビを対象に、歴史的考察を行った。読売テレビでは、一九六〇年代前半に地域色豊かな婦人向けの「社会教育」が興隆した。番組の興隆のためには、自律性の高いローカル編成が必要であったが、日本テレビに対して従属的であった読売テレビは、準教育局に対する番組種別の量的規制を梃子にローカル編成を実現した。しかしながら、テレビ放送が産業として成長するなかで民放のネットワークが拡大すると、読売テレビに対しても発局としての機能が求められるようになった。結果的に、読売テレビの婦人向けの「社会教育」番組は全国ネット化した。

大阪から東京・全国への番組の配信は、東京一極集中に抗する動きともいえ、多元性が高まった。しかし一方で、全国一律に同じ番組が放送されていることに変わりはなく、「社会教育」の全国的な画一化でもあった。

終章　商業教育局における「教育」と「教養」

本書においては、商業教育局という送り手が、放送制度をはじめとした様々な要因のもと、どのように「教育」や「教養」を取り込んでいったのかを放送史に即して検討してきた。具体的には、送り手はどのような意志をもって放送や番組制作を行い、どのように放送や番組の形式を変化させ、結果的に、テレビにおける「教育」「教養」がどのように変化したのかを、様々な主体との相互作用による時間軸上の変化として分析した。

以下、これらの歴史的変化を、第一章から第五章の章ごとに要約し、序章において設定した五つの問いに答える。その上で、先行研究を参照しつつ考察を加え、総括としての結論を述べる。

商業教育局にみる「教育」と「教養」——わかりやすさと楽しさ

日本教育テレビの内部では教育の拡大解釈がなされると同時に、「報道」の娯楽化が企図された。教育の拡大解釈と「報道」の娯楽化は、本放送開始前の創立時から企図されていた。しかしながら商業教育局の日本教育テレビは、番組種別の上で量的に厳しく規制されていた。番組種別規制という形式上の規制が存在したため、娯楽番組と教養番組の増加は限定的であった。一方で「教育」内において、「学校教育」と「社会教育」の規制量が個別に定められていなかったため、学校放送番組は割合の上で減少し、社会教育番組が増加した。(第一章)

初期日本教育テレビでは、番組不足を補うため、多くの外国テレビ映画が放送された。当時の日本人は、外国文化に対する知識が少なかった。それゆえに送り手は、外国テレビ映画を「教育」や「教養」に分類できたともいえた。日本教育テレビは、受け手の理解を助けるため、初期の吹き替えにおいて日本文化への過度の同化を行った。しかしながら、外国テレビ映画などの「社会教育」に接するなかで受け手の知識が増加すると、過度の同化は必要なくなった。日本文化への過度の同化は、わかりやすさを重視したものであったが、吹き替えという映像翻訳の形式の導入そのものが、わかりやすさを重視していた。初期の吹き替えでは、厳密なリップシンクと自然な発話が求められたが、スキルとテクノロジーの向上によって、両者は当然視されるようになり、より高度な声の演技が求められるようになった。最終的には、画面上の外国人俳優の演技と完全に同一化した声の演技が、日本人声優に求められた。(第二章)

日本教育テレビのニュースショーが採りあげた身近なニュースは、主婦を中心とした視聴者に対して高い訴求力を発揮し、視聴者は自発的に視聴した。結果として、視聴者の参加感覚も高まった。ニュースショーという形式は、高い「社会教育」上の効果を有していたが、その効果は必ずしも送り手の意図するものではなかった。ニュースという概念は曖昧であり、「教育」「教養」を含むあらゆる内容が包含されていった。ニュースショーの内容は細分化され、細分化された内容は視聴率によって迅速に見直された。内容とディレクターとの弱い結びつきは、内容の見直しをより高速化した。それらによって、ニュースショーは視聴者の興味に対して迅速に最適化した。日本教育テレビで生まれたニュースショーは、テレビにおける「社会教育」の新しい形式であるとともに、「報道」の娯楽化でもあった。日本教育テレビにおいて設立当初から企図された「報道」の娯楽化は、ニュースショーという形式によって実現された。ニュースショーの拡大は同時に、「社会教育」の増大でもあった。（第三章）

キー局を志向した毎日放送テレビは、在京の日本教育テレビに対して多くの番組を配信した。民放最先発の毎日放送テレビは、高い営業能力と制作能力を有していた。一九六〇年代、テレビ放送が産業として発展していくなかで、視聴率重視の傾向が強まった。並行して、テレビにおける東京と大阪の制作能力などの格差が拡大していった。東京と大阪の格差の影響が相対的に小さいクイズ番組は、毎日放送テレビの能力上の優位性を発揮しやすい形式であった。一九六七年、毎日放送テレビを含む準教育局が廃止され、東京と大阪八局のなかで日本教育テレビのみが教育局として存置された。日本教育テレビはそれ以前よりも、「教育」「教養」に分類でき、なおかつ高い視聴率が望める番組を求めた。二つの条件を満たす番組形式のひとつは、クイズ番組であった。毎日放送テレビはクイズ番組という形式を用いて、日本教育テレビに番組を配信した。このように、一九六〇年代末に日本教育テレビのクイズ番組が急増した背景には、日本教育テレビと毎日放送テレビに対する種別規制量の差の拡大があった。しかしながら毎日放送テレビによる東京への番組配信は、一九七〇年代半ばには急激に減少する。その大きな要因は、日本教育テレビの一般局化と、その二年後のネットチェンジであった。（第四章）

読売テレビでは、一九六〇年代前半に地域色豊かな婦人向けの「社会教育」が興隆した。当該のジャンルの興隆には、自律性の高いローカル編成が必要であったが、日本テレビに対して従属的な読売テレビは、準教育局に対する番組種別の量的規制を梃子に、ローカル編成枠を獲得した。しかしながら民放のネットワークの拡大とともに、読売テレビに対して発局としての機能が求められるようになると、読売テレビの婦人向け「社会教育」は全国ネット化した。大阪から東京・全国への番組の配信は、東京一極集中に抗する動きであり、多元性は高まった。しかしながら一方で、「社会教育」の全国的な画一化でもあった。（第五章）

学校教育におけるメディア——あくまで教具として

本書が明らかにした商業教育局の歴史について、先行研究を参照しつつ考察してみたい。本書の論考は、教育とテレビにまたがるが、まずは教育学からテレビへのアプローチをみていこう。

今井康雄は、教育学におけるメディア研究には、「伝統的な2つの文脈」[1]があったとする。ひとつは、「作用を及ぼすための道具・手段」であり、もうひとつは子どもに対して「(悪) 影響」を与えるとするものである。[2]前者は「メディア利用」が、後者は「メディア批判」が典型であり、[3]ともに実践と結びつきながら研究が進められてきた。今井によれば、「マス・メディアの影響に関する議論で語られてきたのは圧倒的にその「悪」影響であった」[4]という。

教育における「メディア批判」の実践は、メディア・リテラシーに代表されるが、メディア・リテラシーはカナダやイギリスに端を発し、テレビをはじめとしたメディアを批判的に読み解く能力などとされる。[5]

アメリカと国境を接するカナダでは、暴力的あるいは性的な表現が多いアメリカのテレビが越境し、カナダの子どもらに対して悪影響を及ぼすという認識があった。メディアは編集を前提としており、編集されている限りにおいて何らかのバイアスを含んでいる。子どもたちをはじめとした受け手が自ら撮影や編集を経験することで、メディアがいかにして構成されているかを認識するなど、実践が伴った形で研究や教育が進展した。現在では、放送局などの送り手が参加するメディア・リテラシー教育も、日本国内において一般的になっている[6]。

一方、利用や活用といった言葉に代表されるのは、学校や教室などの教育の場にメディアを教具として導入し、何らかの教育効果を得ようとするものである。テレビなどの放送メディアの導入は、初等教育、中等教育、高等教育だけでなく、職業教育や外国語教育、さらには通信教育などにおいて実践されてきた[7]。しかしながら後述のように、テレビをはじめとした放送の教育利用は、全体として衰退した[8]。今井によれば、「メディア利用の文脈」におけるメディアは、「外から付け加わる（略）異物」として扱われてきたにすぎないという[9]。

教育におけるテレビ活用の大きな問題点は、時間上の拘束性にあった[10]。放送というフローなメディアにおける受け手の学習は、送り手が設定した放送時間に拘束され、時間上の自由度が低く、授業などに取り入れにくいとされた。商業教育局の学校放送番組の多くは午前に放送されたが、それは学校や教室における利用を想定してのものであった。しかしながらフローである限り、当該の放送時間にテレビ受像機の前にいる必要があった。ＶＴＲの登場によって、学校放送の選択あるいは分断利用が可能となるものの、一九八〇年以降、学校放送の教育利用は徐々に情報教育との融合が進み、一九八〇年代半ばには、「放送教育はメディア教育、より正確にいえばパソコン教育へ[11]」移行していく。

二〇一一年、NHK教育テレビがEテレになると同時に、「NHK for School」というインターネットサイトが生まれた。[12]当該のサイトは、放送番組の一部がテーマごとに視聴可能となっており、授業での利用が容易である。かつて放送教育をめぐって「西本・山下論争」が起こったが、西本三十二が主張した「ナマ・丸ごと・継続利用」と山下静雄が主張した「カンヅメ・選択・分断利用」の構図でいえば、[13]学校や教室での教育実践においては、山下の主張した分断利用が主流となった。この構図を本書の分析に適用すれば、商業教育局の「教育」「教養」においても、ニュースショーの視聴が典型であるように、分断利用が主流であった。教室においては必要なところだけが、家庭においては見たいところだけが視聴された。しかしながら、ニュースショーのほぼすべてが生放送であったことからいえば、商業教育局の「社会教育」は、「カンヅメ」ではなく、「ナマ」で「利用」された。また、毎週の視聴は「継続利用」ともいえた。商業教育局の「社会教育」の「利用」は、全体としてみれば「ナマ・選択・分断利用」であり、西本と山下の主張の双方が混在していたといえよう。

公民館で観るテレビ——集団視聴という社会教育

もうひとつの教育の柱である社会教育については、どうか。佐藤一子によれば、社会教育の学習形態は、「実際生活のなかで学習者が自らの関心に応じて自発的・自律的に多様な学習・文化活動に参加する[14]」のが一般的であるという。しかしながら、三輪建二は、「研究者や社会教育職員があらかじめ提示する学習課題を地域住民が学ぶということを、住民の自己教育活動という枠組みで〔研究者が〕把握してきた可能性[15]」に言及し、学習者の自発性や自律性は限定的であったとする。佐藤一子は、社会教育活動が困難となりつつある理由として、「多忙な生活、貧困化のなかで生涯学習の機会に参加するゆとりのない人々は半数近くに及んでいる[16]」ことを挙げている。社会教育は、生涯教育さらには生涯学習へと発展的に変化していくが、立田慶裕は生涯学習の障害に年齢をあげ、「50歳前後まで積極的な参加が続き、その後大幅に低下する[17]」ことを指摘している。これらの知見は、社会教育は時間をはじめとした余裕が必要であり、また学習者のモチベーションに大きく影響されることを示唆している。一方で、自宅で楽しみながら視聴＝「学習」できる教育テレビは、それほど影響を受けることはないだろう。

社会教育においては、組織化や計画性が重視され、テレビ放送の教育利用では集団視聴が進められてきた[18]。一九六〇年代までの「テレビジョン受像機の普及の初期の頃には、それ自体がものめずらしかったから、公民館に人をあつめて集団視聴をすることも比較的容易であった」という。しかしながら、一九七〇年代になると「魅力は消滅」し、集団視聴は困難となった[19]。中野照海が「多くの関係者が感じているように、或る時期から放送教育が衰退してきた[20]」と指摘したように、テレビの社会教育利用は、全体的に低調となった[21]。そのような変化の裏返しとして、商業教育局の「社会教育」が拡大していったとみることもできる。

日本国内でテレビの本放送が開始されたのは一九五三年であるが、一九五〇年代における社会教育の理論的指導者は宮原誠一であった[22]。三輪は、宮原の社会教育論における「アクション・リサーチ」に言及した上で、「社会教育研究は、現場の社会教育関係職員との共同作業として進められてきたことが多い[23]」としている。アクション・リサーチとは、学習者と「ともに学習過程に関わりながら調査する[24]」方法である。

テレビが与える影響が善であれ悪であれ、教育者はテレビに対して、実践レベルで向き合ってきた。

藤岡英雄は、「放送を学習手段とする学習」の形態を、「①学校放送形態、②放送大学形態、③社会教育形態、④個人利用形態」の四つに分類している。[25] 藤岡によれば、③の社会教育形態は、「個人視聴あるいは小グループによる集団視聴のあと集団学習を行うもので、社会教育の支援対象事業として位置づけられる」[26]という。④の個人利用形態は、「放送とテキストだけを主たる学習手段として行われるもので、いかなる公的な教育システムからも自由な、まさに学習者ひとりひとりの意欲と工夫に支えられた学習である」[27]という。教育学からのアプローチは、③の集団視聴や集団学習に集中し、④のように集団視聴や集団学習を伴わない形態が検討されることは少ない。しかしながら社会教育におけるテレビ利用の衰退をみると、集団視聴を伴わない「個人利用形態」を検討する必要があるだろう。藤岡は「個人利用形態」を高く評価しているが、商業教育局の「社会教育」の視聴も「個人利用形態」といえるだろう。藤岡はNHK教育テレビにおける成人向けの教育番組を主に検討しているが、接触数の上では、商業教育局の「社会教育」の方がはるかに多かった。

メディア研究の陥穽——忘れられてきた商業教育局の「教育テレビ」

メディア研究から教育へのアプローチは、どうか。メディア研究の側の分析対象は、ラジオ[28]の前史を含めて、教育放送の長い歴史をもつNHKが主である。テレビについても、NHK教育テレビを対象とするものが多い。日本における教育テレビには、本書でみてきたように、公共放送であるNHKと民放である商業教育局が存在した。古田尚輝によれば、NHK教育テレビは、一九八一年度までに「学校教育波」としての地位を確立し、一九八二年度から一九八九年度にかけて「生涯教育波」へと変容したという。[29] つまり、一九八二年がひとつの潮目であった。社会教育は、生涯教育から生涯学習へと変容していくが、商業教育局においては、すでに開局直後の一九六〇年代初頭から「社会教育」へ軸足を移していた。

教育とジャーナリズムの関連性に着目した研究者もいる。川津貴司は、教育学者・城戸幡太郎の一九三〇年代の言説に着目し、ラジオにおける学校教育と放送教育について検討している。川津によれば、城戸はニュースを「国家の中心からの一方的な報道」とは考えず、ニュースあるいはジャーナリズムは学習者に対して大きく訴求する要素であったとしている。[30] 市川昌は、現代の教育テレビにおいても、「同時代性」と「ジャーナリズム」が必要であると主張する。[31] 放送や番組において、報道やジャーナリズムと教育は、それぞれ別個のジャンルとみなされることが多い。しかしながら川津や市川は、むしろ両者の高い親和性を指摘している。

ニュースあるいはジャーナリズムが対象とする最大の領域は政治であろうが、佐藤一子は、社会教育法の理念における「政治的教養」が「社会教育の全体に関わる重要な意味をもつことはいうまでもない」[32]としている。主婦をはじめとした視聴者は、商業教育局が生んだニュースショーという形式を通じて、多くの「社会教育」を受容した。ニュースショーを見る限り、川津が指摘するように、ジャーナリズムは「学習者に対して大きく訴求する要素であった」といえるだろう。

古田は、商業教育局については、「商業放送の教育専門局が存続した一五年は地上波の商業テレビ放送が曲がりなりにも多様性を保った期間」[33]として一定程度評価しつつも、総論としては形骸化を指摘し、商業教育局を存置した郵政当局の理念の存在を強調した。[34] しかしながら本書における歴史的分析からは、商業教育局の送り手も、彼ら彼女らなりの理念をもって、「教育」や「教養」の放送にあたったことがわかる。送り手は、規制当局よりも、はるかに視聴者の意向に敏感であった。それは広告モデルを採用したからであり、フィードバックは視聴率によって速やかになされた。

佐藤卓己は、一九二〇年代のラジオ時代に遡り、学校放送番組を中心に、テレビを含む放送と教育の関係について歴史的に分析している。佐藤卓己によれば、商業教育局は、「教育・教養番組を「禁欲的な重苦しいもの」から「明るい広い教育理念」への地平を開くこと〈35〉が期待されたという。テレビの特徴として「現示的」「即時的」「具象的」などをあげ〈36〉、「テレビ的教養」は具体的でわかりやすいものだという〈37〉。本書が行った歴史的分析をみれば、商業教育局は様々な形式を用いて、わかりやすく「明るい」教育や教養を放送した。

佐藤卓己は、商業教育局の番組種別の分類について、「各局がそれぞれ自社の主観的な判断で分類した数字が報告されてきたわけであり、しかも、現場での番組分類はかなり杜撰に行われていた〈38〉」としている。村上聖一は、地上波テレビをめぐる放送制度の全体像を明らかにするなかで、番組調和原則（第一章第1節）の効果は限定的であったと結論づけている〈39〉。先行研究に共通しているのは、番組の種別分類における恣意性である。確かに、商業教育局においては恣意的な種別分類がなされていた。しかしながら一方で、視聴率との両立を図る形で、楽しくてわかりやすい「教育」や「教養」が目指されていた。

本書の結論

序章において設定した五つの問いに答えた後に、本書の総括としての結論を述べる。

第一の問い「商業教育局の番組種別はどのように変化したのか」については、商業教育局が本放送を行った約一五年の間に、「社会教育」が増加すると同時に、「報道」が娯楽化したことがわかった。教育の拡大解釈は一貫してなされ、また「報道」の娯楽化は設立当初から企図されていた。テレビにおける「社会教育」と「報道」は親和性が高く、娯楽性は視聴者に対して強く訴求することが送り手内部で意識されていた。それらはテレビ・ジャーナリズムの追求という姿勢となって表れた。

第二の問い「視聴者はテレビに対してどのような「教育」「教養」を求めたのか」については、視聴者はテレビに対して、わかりやすさを求めたが、それは要求というより前提であった。視聴者の自発的選択は「わかる」あるいは「わかりやすい」もののなかからなされた。「わかりにくい」あるいは「わからない」ものは、視聴対象から除外された。

第三の問い「送り手はどのような意志のもと放送を行ったのか」については、送り手の側に「教育」や「教養」などの理想や理念がないわけではなかったが、むしろ送り手は、常に視聴者の要望に応えようとし、それが優先された。広告モデルを採用した商業教育局において、視聴者の要望に応える最大の指標は視聴率であり、視聴率というフィードバックによって、送り手は受け手の志向に迅速に最適化した。送り手の側の意志や理想は、視聴率を指標とした競争のなかで淘汰され、最終的な選択は視聴者の多数者によってなされた。

第四の問い「相互作用の結果、テレビにおける「教育」や「教養」は、どのような形式となったのか」については、第三の問いに対する結論と同様に、視聴者の求めに最適化した形式となっていった。視聴者は、クイズなどの形式によって幅広い知識を求め、外国テレビ映画や洋画などの形式によって海外文化に関する知識を求め、ニュースショーという形式によって身近な知識や情報を求めた。結果的に、テレビにおける「教育」や「教養」は、身近でわかりやすくなると同時に、東京や大阪発の全国ネット番組の増加によって全国的に画一化した。

第五の問い「放送制度は、テレビ放送に対してどのような影響を与えたのか」については、放送制度は、規制対象の送り手に対して直接的に影響を与えるだけでなく、ネットワークを通じて間接的に影響を与えたことがわかった。ネットワーク関係にある二局間の種別規制量の違いが、両局のヘゲモニー闘争の要素として機能した。郵政省などの規制当局は、ネットワークについてほとんど規定しておらず、規制当局からみれば意図せざる結果であった。

以上から、本書の結論は、以下の三つに総括できるだろう。

第一に、種別分類の形式上の増加が、実態としての増加を導いたということである。これまでの先行研究では、番組種別の分類という形式上の恣意性が指摘されるのみであったが、本書の分析からは、種別分類という形式上において「社会教育」が増加しただけでなく、ニュースショーをはじめとした新たな形式によって、それ以前の新聞などの活字メディアとは異なるテレビの「社会教育」が増大したことが示された。

第二に、テレビにおける「社会教育」と「報道」は大きく重なり、高い教育効果を有していることである。商業教育局による初期の放送教育においては、組織化や集団視聴などの動員が企図されたが、それらの広がりは限定的であった。一方で、視聴者は自宅において、テレビの「社会教育」を自発的に視聴した。なかでも、ニュースショーという身近な「ニュース」は視聴者に高く訴求した。先行研究において学校教育におけるジャーナリズムの有効性が指摘されたが、ニュースショーなどのテレビ的「報道」は、「社会教育」においても有効であることがわかった。

第三に、地上波テレビにおける「社会教育」は、平易な理解を全国的に画一化する傾向にあることである。受け手は一貫して「わかりやすさ」を求め、「わかりやすさ」は絶対条件であり前提であった。その上で、広告モデルを採用した地上波テレビは、少しでも多くの視聴者を求め、ネットワークを拡大していった。「わかりやすさ」とネットワークの拡大によって、テレビの「社会教育」は平易な理解を、全国的に画一化した。

課題と展望

最後に、本書の課題と展望について四点、言及しておきたい。

第一に、一九七〇年代以降、つまり商業教育局が消滅し、すべての民放テレビが一般局化した以降について検討する必要がある。商業教育局が存在した、つまりは「教育」や「教養」が偏って存在した時期を経て、テレビにおける「教育」や「教養」は、その後どのように展開したのだろうか。例えばニュースショーは、一九七〇年代から一九八〇年代にかけて、大きくスキャンダリズム化あるいはイエロージャーナリズム化した。また、日本教育テレビの番組編成が一般局化後の一九七〇年代半ばから急速に娯楽化する一方で、他の一般局、例えば東京放送（TBS）では教育的・教養的な番組が増えるなど、商業教育局が存在した時期とは異なる傾向がみられる。商業教育局によって生み出され、拡大した「教育」や「教養」が、どのように変容して現在に至るのか。一九七〇年代には、地方局において生活情報番組が興隆するなどしている。これらを含め、その後のテレビにおける「社会教育」あるいは「報道」の娯楽化などについて検討する必要がある。

第二に、地方における教育と放送の問題があげられる。日本の民放テレビにおける初めての教育放送は、北海道放送が一九五七年七月に開始した『HBC教育放送』だとされる[40]。へき地教育における放送利用は、テレビ以前のラジオ時代から大きな問題関心のひとつであった。民放テレビにおける教育番組の嚆矢が、東京などの中央から離れた地方であったことは、歴史的文脈からみれば偶然とはいえないだろう。地方におけるインターネット時代の教育の在り方を検討する上で、テレビ放送における教育と地方の問題は重要な観点である。

第三に、商業教育と映画の関係について検討する必要がある。序章で既述のように、古田尚輝や北浦寛之は、日本教育テレビなどの商業教育局と映画の関係について検討している。古田らが主に検討したのは、一般に劇場で公開された映画作品であったが、本書の歴史的分析からいえば、「教育」の観点からの再検討が必要である。日本教育テレビの創業からテレビ朝日としての現在に至るまで、同局における東映のプレゼンスは、朝日新聞社に次いで大きい。本書で扱うことはできなかったが、東映が日本教育テレビの経営に参画した理由に教育上の理由がまったくないわけではなく、むしろ東映は教育映画の普及・販売を視野に入れていた。教育映画の観点から日本教育テレビと東映の関係を再検討することで、映画教育や視聴覚教育との連続あるいは断続が明らかになるだろう。

第四に、東京12チャンネルを分析する必要がある。日本教育テレビをはじめとした後発局は、開局時に、主婦を中心とした女性に着目したが、一方で、子どもにも着目していた。東京12チャンネルは、開局三年目に倒産ともいえる状況に陥ったが、その後の同局の経営改善に寄与したジャンルのひとつは、子ども向けのアニメーションであった。また、「日本が生んだ初めての本格的カラー長編アニメーション映画[41]」といわれる《白蛇伝》は、日本教育テレビの経営に参画した東映が制作している。商業教育局とアニメーションは、子どもと教育を接続するメディアでもあった。

あとがき

本書の出版は、吉田秀雄記念事業財団の出版助成（二〇二〇年度）を受けたものである。
本書の成果の一部は、高橋信三記念放送文化振興基金（平成二九年度）ならびに放送文化基金（平成二九年度）の助成による。また、本書は、放送人の会の聞き取り調査「放送人の証言」（理事・隈部紀生）を資料に用いた。ここに記して謝意を表す。

また、本書は一部、学術論文として発表済みである。以下に列挙する。

第一章は、『京都大学大学院教育学研究科紀要』に掲載された。
「日本教育テレビにおける番組種別の読み替えと種別の量的変化」『京都大学大学院教育学研究科紀要』第六五号、二〇一九年、二一九－二三一頁。

第二章は、日本コミュニケーション学会の『日本コミュニケーション研究』に掲載された。
「初期テレビ放送における翻訳規範――日本教育テレビの吹き替えを中心に」『日本コミュニケーション研究』第四八巻第一号、二〇一九年、二九－四八頁。

第三章は、社会情報学会の『社会情報学』に掲載された。

「テレビにおけるソフトニュースの原型――1960年代の日本教育テレビのニュースショー」『社会情報学』第八巻第二号、二〇一九年、一二五‐一四一頁。

第四章は、社会情報学会の『社会情報学』に掲載された。

「民放ネットワークを通じた放送規制の間接的影響――クイズ番組による関西からの情報発信」『社会情報学』第七巻第一号、二〇一八年、一九‐三五頁。

第五章は書き下ろしである。


本書は、京都大学大学院教育学研究科に提出した博士論文を加筆・修正したものである。指導教員の佐藤卓己教授には、五年にわたって厚い指導を賜った。先生の指導なしに、この本の出版はなかった。心より感謝の意を表する。先生の学恩には感謝しても感謝しきれないが、今後も継続して研究・執筆することが最大の恩返しであろう。稲垣恭子教授、竹内里欧准教授、福井佑介講師には、やはり五年間にわたって多大なるご指導と激励を受けた。深く感謝する。佐藤先生の共同研究者の方々、あるいは佐藤ゼミと稲垣ゼミの参加者には貴重なご意見を頂戴した。厚く御礼申し上げる。

関西学院大学名誉教授の津金澤總廣先生には、貴重なアドバイスとともに資料をお譲りいただいた。朝日放送時代の大先輩であり、元大阪国際大学教授の長沢彰彦先生にも、重要な指摘を頂戴した。佐藤先生・津金澤先生との邂逅も、長沢先生の導きであった。お二人には深く御礼申し上げる。

テレビ朝日社友の方々には、インタビューの機会を頂戴した。当時を知る方々の証言は、事象の背景を理解する上で欠かせないものであった。深く感謝する。また、毎日放送・読売テレビの両局、ならびに朝日新聞社は、貴重な資料の閲覧を許可くださった。ここに感謝申し上げる。
最後に、応援してくれた妻と息子に心から感謝する。本当にありがとう。

二〇二一年六月

木下浩一

引用・参考文献

青木貞伸『脱・茶の間の思想』社会思想社、一九七二年。

青木貞伸編『日本の民放ネットワーク』JNNネットワーク協議会、一九八一年。

浅田孝彦『ニュース・ショーに賭ける』現代ジャーナリズム出版会、一九六八年。

浅田孝彦「初のワイドショーはこうして生まれた」『放送文化』一九八三年一〇月号、四八頁。

浅田孝彦「コーヒーの味」テレビ朝日社友会編『テレビ朝日社友報』第一四号、二〇〇四年。

浅田孝彦「この一年」テレビ朝日社友会編『テレビ朝日社友報』第一九号、二〇〇九年。

阿部邦雄「アメリカ・テレビ映画年代記——わが国でのアメリカ・テレビ映画の足どり」『放送文化』一九六七年五月号、一四－一七頁。

天辻日出雄「グッドバイ　餅原幸雄さん」テレビ朝日社友会編『テレビ朝日社友報』第二四号、二〇一四年。

荒井魏『淀川長治の遺言』岩波書店、一九九九年。

荒川恒行『これはビックリ！　ワイドショーの裏側』エール出版社、二〇〇〇年。

有馬哲夫『テレビの夢から覚めるまで』国文社、一九九七年。

RKB毎日放送『放送RKB』。

石川研「日本の地上波商業テレビ放送網の形成」『社会経済史学』第六九巻第五号、二〇〇四年、五八五－六〇二頁。

石川研「生成期日本の地上波テレビ放送と輸入コンテンツ」『社会経済史学』第七一巻第四号、二〇〇五年、四一七－四三八頁。

石田佐恵子『有名性という文化装置』勁草書房、一九九八年。

石田佐恵子・小川博司編『クイズ文化の社会学』世界思想社、二〇〇三年。

石橋清「開局三十五周年に思う――第二の開局」テレビ朝日社友会編『テレビ朝日社友報』第四号、一九九四年。

石山玲子・川上善郎・大石千歳・鈴木靖子・松田光恵「ワイドショーの構造分析」『コミュニケーション紀要』成城大学大学院文学研究科、第一七号、二〇〇五年、九七－一二八頁。

市川昌「放送教材の同時代性と開かれた作品性――ジャーナリズム精神と映像解読力の育成」『教育メディア研究』第九巻第二号、二〇〇三年、二－一〇頁。

稲垣恭子「『婦人公論』――お茶の間論壇の誕生」竹内洋・佐藤卓己・稲垣恭子編『日本の論壇雑誌――教養メディアの盛衰』創元社、二〇一四年。

乾直明『ザッツTVグラフィティ――外国テレビ映画35年のすべて』フィルムアート社、一九八八年。

乾直明『外国テレビフィルム盛衰史』晶文社、一九九〇年。

乾直明『外国テレビ映画読本』朝日ソノラマ、一九九二年。

猪瀬直樹『二度目の仕事――日本凡人伝』新潮社、一九八八年。

今井康雄『メディアの教育学――「教育」の再定義のために』東京大学出版会、二〇〇四年。

伊豫田康弘「TVネットワークと地方政治」『マス・コミュニケーション研究』第四九号、一九九六年、二五－三五頁。

岩本政敏「失業率」テレビ朝日社友会『テレビ朝日社友報』第八号、一九九八年。

宇治橋祐之・日比美彦・箕輪貴「デジタル・双方向時代の教育番組」『教育メディア研究』第九巻第二号、二〇〇三年、四四－四九頁。

宇治橋祐之「教育テレビ60年　生涯学習波への広がりとインターネット展開」『放送研究と調査』二〇一九年一月号、二－一七頁。

NHKエンタープライズ制作本部映画・海外番組『日本語版制作50年の歩み』、二〇〇八年。

ＮＨＫ放送文化研究所編『テレビ視聴の50年』日本放送出版協会、二〇〇三年。

江間守一『この放送には聴取料がいりません』時事通信社、一九七四年。

江間守一『放送ジャーナリスト入門』時事通信社、一九八一年。

大木博「報道番組の娯楽への傾斜――「やさしいテレビニュース」にもの申す」『放送文化』日本放送出版協会、一九六五年四月号。

大久保正雄「吹きかえ苦労話」『月刊　日本テレビ』第一一号、一九五九年。

岡原都『戦後日本のメディアと社会教育』福村出版、二〇〇九年。

岡本博・福田定良『現代タレントロジー』法政大学出版局、一九六六年。

小川博司『クイズ形式の文化についての歴史的・比較文化的研究』（文部省科学研究費補助金研究成果報告書）、一九九八－二〇〇〇年。

小倉慶郎「異化と同化の法則――foreignization と domestication はいかなる条件で起こるのか」『言語と文化』第七号、二〇〇八年、五一－七〇頁。

小田久榮門『テレビ戦争勝組の掟――仕掛人のメディア構造改革論』同朋舎、二〇〇一年。

越智正典『アナおもしろ記』報知新聞社、一九六五年。

角間隆『これがテレビだ』講談社、一九七八年。

金澤薫『放送法逐条解説』電気通信振興会、二〇〇六年。

金沢覚太郎『テレビジョン――その社会的性格と位置』東京堂、一九五九年。

金沢覚太郎「壁のない教室――教育テレビとテレビ教育の問題」『季刊　テレビ研究』一九五八年九月。

金沢覚太郎「テレビジョン番組編成の自由」『新聞学評論』第一〇巻、一九六〇年、二九－四九頁。

金沢覚太郎『放送文化小史・年表』岩崎放送出版社、一九六六年。

金沢覚太郎『テレビの良心』東京堂出版、一九七〇年。

川上操六「ＡＮＮ誕生の舞台裏」テレビ朝日社友会編『テレビ朝日社友報』第六号、一九九六年。

川津貴司「戦時下における城戸幡太郎と学校放送」『教育方法学研究』第三三巻、二〇〇八年、一五七－一六八頁。

関西テレビ放送株式会社総務局社史編集室『関西テレビ放送10年史』関西テレビ放送、一九六八年。

関西民放クラブ「メディア・ウォッチング」編『民間放送のかがやいていたころ』大阪公立大学共同出版会、二〇一五年。

北浦寛之『テレビ成長期の日本映画』名古屋大学出版会、二〇一八年。

北田理恵「サイレントからトーキー移行期における映画の字幕と吹き替えの諸問題」『映像学』第五九号、一九九七年、四一－五六頁。

喜多幡為三「テレビ・ネットワーク所見」『テレビ画面の影にあるもの――テレビ・ネットワーク研究』公正取引協会、一九六一年。

『キネマ旬報』No. 1607、二〇一二年四月上旬号。

『キネマ旬報』No. 1640、二〇一三年七月上旬号。

キネマ旬報社『テレビの黄金伝説』、一九九七年。

木下浩一「放送規制における構造規制と非公式な影響」『京都メディア史研究年報』第三号、二〇一七年、二〇七－二二四頁。

黒田勇編『送り手のメディアリテラシー』世界思想社、二〇〇五年。

黒田勇・森津千尋・福井栄一「「放送の多様性」に関する事例研究」『関西大学社会学部紀要』第三九巻第一号、二〇〇七年、三九－五九頁。

黒田勇「地域社会における民間放送局の歴史と課題」『日本の地域社会とメディア』（研究双書１５４）、二〇一二年、一－二八頁。

軍司貞則『ナベプロ帝国の興亡』文藝春秋、一九九二年。

慶応義塾大学新聞研究所編『新田宇一郎選集』電通、一九六六年。

後藤心平・齋藤玲・佐藤和紀・堀田龍也「ラジオ局による高校生を対象としたメディア・リテラシー育成プログラムの再検討と評価」『教育メディア研究』第二五巻第二号、二〇一九年、一三－二七頁。

小納正次『ＳＴＶと私』私家版、二〇〇七年。

小中陽太郎、他『放送できないテレビの内幕』自由国民社、一九六八年。

近藤紘「おばんと私」テレビ朝日社友会編『テレビ朝日社友報』第一二号、二〇〇二年。

坂元彦太郎他「教育TVの本格的放送開始にあたって――座談会――」『文部時報』第九七二号、一九五八年。

札幌テレビ放送創立50周年記念事業推進室編『札幌テレビ放送　50年の歩み』札幌テレビ放送、二〇〇八年。

佐藤一子「国民の学習権と社会教育の中立性」『教育学研究』第八四巻第二号、二〇一七年、一四三‐一五四頁。

佐藤清四郎「回想「教育事情とともに30年」」テレビ朝日社友会編『テレビ朝日社友報』第六号、一九九六年。

佐藤卓己『テレビ的教養――一億総博知化への系譜』NTT出版、二〇〇八年。

佐怒賀三夫「NETテレビ――派閥抗争からの脱皮」『総合ジャーナリズム研究』一九六七年、八三‐八六頁。

塩沢茂『放送エンマ帳』オリオン出版社、一九六七年。

塩沢茂『放送をつくった人たち』オリオン出版社、一九六七年。

塩沢茂『ドキュメント・テレビ時代』講談社、一九七八年。

志賀信夫『テレビ人間考現学』毎日新聞社、一九七〇年。

志賀信夫『テレビ・裏面の実像』白馬出版、一九七二年。

志賀信夫『昭和テレビ放送史［下］』早川書房、一九九〇年。

志賀信夫「計り知れないアメリカ・テレビドラマの影響力」『臨時増刊キネマ旬報』第一二二七号、一九九七年。

『シネビ・エイジ』共立通信社、第七五号、一九六六年。

篠原有子「日本映画の英語字幕における標準化」立教大学大学院博士論文、二〇一六年。

柴田耕太郎『翻訳家になる方法』青弓社、一九九五年。

清水義弘編『高等教育の大衆化』（現代教育講座、第九巻）第一法規出版、一九七五年。

白根孝之『教育テレビジョン』国土社、一九六四年。

全国朝日放送『テレビ朝日社史――ファミリー視聴の25年』全国朝日放送、一九八四年。

高田城・千葉節子『声優になるには』ぺりかん社、一九八三年。

高田茂登男『国税・検察の黒い霧』現代評論社、一九七六年。

高橋章「マジメ番組とアソビ番組と――花ざかりのワイド・ショー」『放送文化』一九六六年一二月号。

田川一郎『愛しきテレビマンたち』創樹社、一九九六年。

瀧口美絵「国語科教育におけるメディア教育論争の史的検討――「西本・山下論争」の議論に注目して」『国語科教育』第七〇巻、二〇一一年。

竹村健一『マクルーハン理論の展開と応用』講談社、一九六七年。

立田慶裕「生涯学習政策の展開と社会教育の変化」日本社会教育学会編『講座現代社会教育の理論Ⅰ　現代教育改革と社会教育』、二〇〇四年。

田村魚菜『たのしい　アフタヌーンショー――1000万人の田村魚菜料理教室　テキスト集』魚菜学園出版局、一九六七年。

筑紫哲也『筑紫哲也の小津の魔法使い』世界文化社、一九九九年。

知識洋治「映画とテレビ――『日曜洋画劇場』誕生秘話」『中央評論』第二五五号、二〇〇六年。

津川溶々「テレビ映画の日本語版」『言語生活』一九六〇年一月号。

辻一郎『私だけの放送史』清流出版、二〇〇八年。

テレビ朝日編『映画はブラウン館の指定席で』全国朝日放送、一九八六年。

テレビ朝日サービス社史編纂委員会『材木町に生まれ　六本木に育って――テレビ朝日サービス創立40年史』テレビ朝日サービス、一九九八年。

テレビ朝日社史編纂委員会『チャレンジの軌跡』テレビ朝日、二〇一〇年。

テレビ朝日社友会編『テレビ朝日社友報』、一九九〇～二〇一六年。

『テレビジョンリポート』中央通信研究所。

東京国税庁『損害賠償等請求事件（東京地裁昭和三九年（ワ）第二五五四号）裁判状況調書（一）』、一九六四年。

東京放送社史編集室編『東京放送のあゆみ』東京放送、一九六五年。

土岐邦三「学校放送ことはじめ」テレビ朝日社友会編『テレビ朝日社友報』第一一号、二〇〇一年。

土岐邦三「半世紀・反省記」テレビ朝日社友会編『テレビ朝日社友報』第一八号、二〇〇八年。

所雅彦『北海道民放論』エフ・コピント富士書院、一九九四年。

外崎宏司「「発言する視聴者」との交流――モーニングショーの四年から」『放送文化』一九六九年八月号、二一‐二二頁。

とり・みき『とり・みきの映画吹替王』（別冊映画秘宝 vol. 3）洋泉社、二〇〇四年。

とり・みき&吹替愛好会『吹替映画大事典』三一書房、一九九五年。

内藤豊裕「日本における「声優」とは何か?」『学習院大学人文科学論集』第二四号、二〇一五年、三一七‐三四七頁。

中野収「特別報告（2）ジャーナリズムの衰退」『マス・コミュニケーション研究』第三五号、一九八五年、一八四‐一九二頁。

中野照海「特集――放送教育運動の総括から新たな発展のために」『教育メディア研究』第九巻第二号、二〇〇三年、一頁。

中村廉次編『新田宇一郎記念録』杉林廉作、一九六六年。

仲村祥一・津金沢聡広・井上俊・内田明宏・井上宏『テレビ番組論――見る体験の社会心理史』（YTV REPORT シリーズ5）読売テレビ放送、一九七二年。

長尾三郎『週刊誌血風録』講談社、二〇〇四年。

浪速商事株式会社『サークルマム』。

南木淑郎『楊梅は孤り高く』毎日新聞社、一九七六年。

新里善弘「花開いた「キャスターニュース」」テレビ朝日社友会編『テレビ朝日社友報』第二三号、二〇一三年。

西本三十二『教育の近代化と放送教育』三陽社、一九六六年。

二十年史編纂委員会編『芸団協春秋二十年』日本芸能実演家団体協議会、一九八七年。

日本音声製作者連盟編『音声制作者の自画像と夢』日本音声製作者連盟、二〇〇一年。

日本音声製作者連盟編『吹き替え文化の明日に向かって』日本音声製作者連盟、二〇〇八年。

日本テレビ放送網株式会社『月刊　日本テレビ』第二〇号、一九六〇年。

日本テレビ放送網株式会社社史編纂室『大衆とともに25年〈沿革史〉』日本テレビ放送網、一九七八年。

日本テレビ放送網株式会社総務局『テレビ塔物語──創業の精神を、いま』日本テレビ放送網、一九八四年。

日本放送協会編『放送五十年史』日本放送出版協会、一九七七年。

日本放送協会編『放送五十年史　資料編』日本放送出版協会、一九七七年。

日本放送協会編『20世紀放送史　上』日本放送協会、二〇〇一年。

日本放送協会総合放送文化研究所編『放送学研究──日本のテレビ編成』第二八号、一九七六年。

日本放送協会総合放送文化研究所編『放送学研究──テレビ番組の変遷』第二八号別冊、一九七六年。

日本放送協会総合放送文化研究所編『放送学研究──ゴールデンアワー』第三〇号、一九七八年。

日本放送協会総合放送文化研究所編『放送学研究──日本のテレビ編成』別冊二、一九八一年。

日本放送協会総合放送文化研究所編『放送学研究──日本のテレビ編成』別冊三、一九八四年。

日本民間放送連盟編『民間放送十年史』日本民間放送連盟、一九六一年。

日本民間放送連盟編『臨時放送関係法制調査会答申書』日本民間放送連盟、一九六四年。

日本民間放送連盟放送研究所編『放送の公共性』岩崎放送出版社、一九六六年。

日本民間放送連盟編『民間放送三十年史』日本民間放送連盟、一九八一年。

日本民間放送連盟編『放送ハンドブック』東洋経済新報社、一九九一年。

博報堂ＤＹメディアパートナーズ メディア環境研究所「メディア定点調査２０１８」、二〇一八年。

萩原滋「外国製作のテレビ番組に対する日本人の態度」『マス・コミュニケーション研究』第四七号、一九九五年、一八〇－一九四頁。

橋本純次「人口減少社会に調和する放送制度のあり方」『情報通信学会誌』第三三巻第四号、二〇一六年、八一－九八頁。

長谷川創一「草創期の編成と『土曜洋画劇場』誕生の思い出」『テレビ朝日社友報』第一八号、二〇〇八年。

波多野完治編『現代テレビ講座　第6巻　教育／教養編』ダヴィッド社、一九六〇年。

ばばこういち『なっとくいかない税務署のカラクリ』山手書房、一九八〇年。

廣畑一雄・清水正三郎・小島明『生活の中のテレビ』国土社、一九七七年。

『吹替洋画劇場』(別冊映画秘宝 Vol.1) 洋泉社、二〇〇三年。

藤岡英雄『学びのメディアとしての放送——放送利用個人学習の研究』学文社、二〇〇五年。

藤竹暁『テレビの理論』岩崎放送出版社、一九六九年。

藤竹暁「メディアイベントの展開とニュース概念の変化」『マス・コミュニケーション研究』第四八号、一九九六年、三一-一九頁。

藤平芳紀『視聴率の謎にせまる』ニュートンプレス、一九九九年。

古田尚輝「『鉄腕アトム』の放送に関する時代考察」『コミュニケーション紀要』成城大学大学院文学研究科、第一七号、二〇〇五年、四七-九五頁。

古田尚輝『『鉄腕アトム』の時代——映画産業の攻防』世界思想社、二〇〇九年a。

古田尚輝「教育テレビ放送の50年」日本放送出版協会編『NHK放送文化研究所年報』第五三集、二〇〇九年b、一七五-二一〇頁。

放送教育開発センター編『研究報告』第二三号、一九九〇年七月。

放送人の会「放送人の証言」。

毎日放送編『毎日放送十年史』毎日放送、一九六一年。

毎日放送40年史編纂室編『毎日放送の40年』毎日放送、一九九一年。

毎日放送編『高橋信三の放送論』毎日放送、一九九二年。

毎日放送総務局60年記念誌編纂室編『社報で綴るMBSのあゆみ』毎日放送、二〇一一年。

松谷みよ子『現代民話考　第二期Ⅲ——ラジオ・テレビ局の笑いと怪談』立風書房、一九八七年。

松原治郎「現代における成人教育を展望する——その背景とテレビ・メディア」『放送文化』日本放送出版協会、一九六九年九月号。

松本一朗『闘魂の人——人間務台と読売新聞』大自然出版、一九七三年。

松村敏弘「NETテレビ　放送における教育」『放送教育』第二九七号、一九七三年一二月、八四-八五頁。

松村敏弘『韋駄天の朝駆け』文芸社、二〇〇三年。

松山秀明「テレビジョンの学知」『マス・コミュニケーション研究』第八五号、二〇一四年、一〇三‐一二一頁。

松山秀明「日本のテレビ研究史・再考」『放送研究と調査』二〇一七年二月、四四‐六三頁。

丸山一昭「テレビ局における〝やらせ〟とは何か」『テレビ朝日社友報』第一八号、二〇〇八年。

三輪建二「社会教育学の「原風景」と成人の学習」『教育学研究』第七一巻第四号、二〇〇四年、四六〇‐四六六頁。

民間放送教育協会編『民教協30年の歩み』民間放送教育協会、一九九七年。

村上七郎『ロングラン　マスコミ漂流50年の軌跡』扶桑社、二〇〇五年。

村上聖一「民放ネットワークをめぐる議論の変遷」『NHK放送文化研究所年報』第五四号、二〇一〇年、七‐五四頁。

村上聖一「番組調和原則　法改正で問い直される機能」『放送研究と調査』二〇一一年二月号、二‐一五頁。

村上聖一「放送局免許をめぐる一本化調整とその帰結」『放送研究と調査』二〇一二年一二月号、二‐二一頁。

村上聖一「制度論――放送規制論議の変遷」『放送研究と調査』二〇一三年一一月号、三二‐四七頁。

村上聖一「戦後日本における放送規制の展開」『NHK放送文化研究所年報』第五九号、二〇一五年、四九‐一二七頁。

村上聖一『戦後日本の放送規制』日本評論社、二〇一六年。

森川友義・辻谷耕史「声優のプロ誕生」『メディア史研究』第一四号、二〇〇三年、一一五‐一三九頁。

文部省『テレビジョン教育番組とその利用――学校放送番組ならびに社会教育・教養番組に関する中間試案の解説』日本放送教育協会、一九五九年。

文部省『教育と放送』日本放送教育協会、一九六八年。

矢島正明『矢島正明　声の仕事』洋泉社、二〇一五年。

安井治兵衛『辛苦労日記』暁出版、一九六三年。

郵政省電波監理局放送部『新・放送総鑑』電波タイムス社、一九八三年。

淀川長治『淀川長治の日曜洋画劇場』雄鶏社、一九七七年。

よみうりテレビ開局20周年記念事業企画委員会編『よみうりテレビの20年――写真と証言』読売テレビ放送、一九七九年。

讀賣テレビ社史編集委員会編『近畿の太陽――讀賣テレビ10年史』讀賣テレビ放送、一九六九年。

読売テレビ社友会『絆――読売テレビ社友会20周年記念』二〇〇六年。

読売テレビ放送『よみうりテレビ社報』。

読売テレビ放送株式会社社史編集委員会編『社史おぼえがき』読売テレビ放送、一九六九年。

『ワイドショー11PM――深夜の浮世史』日本テレビ放送網、一九八四年。

脇浜紀子「放送事業の効率性に関する実証分析」『情報通信学会誌』第三一巻第一号、二〇一三年、一五-二九頁。

渡邉實夫「東京のかたすみから（二十四）テレビの始めから終わりまで――よどちょうさんのおかげです」モアラブ中川根編『中川根ふる里通信』第五一号、一九九九年、一二-一三頁。

渡邉實夫「東京のかたすみから（二十五）テレビの始めから終わりまで――一枚のビラ」モアラブ中川根『中川根ふる里通信』第五二号、一九九九年、一二-一三頁。

渡邉實夫「回顧　先輩の一言」テレビ朝日社友会編『テレビ朝日社友報』第一七号、二〇〇七年。

De Vera, Jose Maria (1968) *Educational Television in Japan*, Tokyo: C. E. Tuttle Co.

註

序章

〈1〉日本放送協会編『20世紀放送史　上』日本放送協会、二〇〇一年、三七三頁。

〈2〉日本放送協会（二〇〇一年）、前掲書、四〇三頁。

〈3〉日本放送協会（二〇〇一年）、前掲書、三九八頁。

〈4〉同前。

〈5〉毎日放送はラジオとテレビの兼営局であり、それぞれ毎日放送ラジオ、毎日放送テレビなどと呼ばれる。

〈6〉日本放送協会編『放送五十年史』日本放送出版協会、一九七七年、四一五頁。

〈7〉同前。

〈8〉日本民間放送連盟『民間放送十年史』、一九六一年、四〇〇頁。

〈9〉佐藤卓己『テレビ的教養——一億総博知化への系譜』NTT出版、二〇〇八年、一四一頁。

〈10〉日本放送協会（二〇〇一年）、前掲書、三九八頁。

〈11〉一般局を「総合局」「一般総合局」「総合番組局」という場合もある。

〈12〉古田尚輝「教育テレビ放送の50年」日本放送出版協会編『NHK放送文化研究所年報』第五三集、二〇〇九年b、一九六頁。

〈13〉佐藤卓己、前掲書、一一四-一一五頁。

〈14〉例えば、ニュースショーについては、日本放送協会（一九七七年）、前掲書、六八六-六八九頁。外国テレビ映画は、日本放送協会（一九七七年）、前掲書、四九五頁。クイズ番組は『朝日新聞』（一九六九年九月二八日付朝刊一五面「あふれるTVクイズ——ギャンブル化に拍車　つりあがる賞金・景品」）など。

〈15〉日本放送協会（二〇〇一年）、前掲書、四三八‐四三九頁。

〈16〉日本民間放送連盟（民放連）のホームページより。各放送局の多くは、民放連にならい「放送番組の種別の公表制度」あるいは「放送番組種別公表制度」などと呼称している。

〈17〉例えば、二〇一八年一〇月から二〇一九年三月において、日本テレビは「教育」一〇・九〇％、「教養」二二・三三％、TBSテレビは「教育」一五・三％、「教養」二四・一％、フジテレビは「教育」一四・二％、「教養」二六・五％、テレビ朝日は「教育」一一・四％、「教養」二三・二％であり、合計はそれぞれ、三三・二三％、三九・四％、四〇・七％、三四・六％であった。

〈18〉古田尚輝『『鉄腕アトム』の時代――映像産業の攻防』世界思想社、二〇〇九年a。北浦寛之『テレビ成長期の日本映画』名古屋大学出版会、二〇一八年。

〈19〉De Vera, Jose Maria (1968) *Educational Television in Japan*, Tokyo: C. E. Tuttle Co.

〈20〉二〇一八年時点におけるサービスエリア内人口は、約二一〇〇万人である。在京キー局のサービスエリア内人口は、約四一〇〇万人である。

〈21〉例えば、日本で最初のニュースショー（あるいはワイドショー）といわれる日本教育テレビ《木島則夫モーニングショー》は、テレビ朝日のライブラリに現存するのは一本のみのようである。当該の一本も、オリジナルはテープではなく、キネコ（テレビの画面をフィルム撮影すること）したフィルムの状態で見つかったようだ。

〈22〉週間の番組表上において、横長に並ぶことに由来すると思われる。

〈23〉放送文化研究所などの番組編成研究では、六月と一一月の年二回を対象期間としている。六月は春の改編（番組編成の見直し）が落ち着いた頃、一一月は秋の改編が落ち着いた頃である。

〈24〉以後、本書においては、「東京版」の表記は省略した。

〈25〉渉猟の結果、使用しなかった放送・教育関連雑誌は、『放送レポート』『月刊民放』『視聴覚教育』『月刊社会教育』などである。

〈26〉放送制度の間接的影響については、村上聖一『戦後日本の放送規制』（日本評論社、二〇一六年）が詳細に検討しているが、特にネットワークを通じた間接的影響についての成果は限定的である。村上の同書については、以下の書評論文がある。木下浩一「放送規制における構造規制と非公式な影響――村上聖一『戦後日本の放送規制』」『京都メディア史研究年報』第三号、二〇一七年、二〇七－二二四頁。

第一章

〈1〉日本放送協会編『20世紀放送史　上』日本放送協会、二〇〇一年、三六七－三七〇頁。

〈2〉NHKは多くの放送波を有しているが、本書における「NHK」は、基本的に地上波テレビ放送を指す。

〈3〉日本放送協会（二〇〇一年）、前掲書、三九四頁。

〈4〉古田尚輝「教育テレビ放送の50年」日本放送協会編『NHK放送文化研究所年報』第五三集、二〇〇九年b、一七八頁。

〈5〉日本放送協会（二〇〇一年）、前掲書、四三六－四三七頁。

〈6〉当初は「富士テレビジョン」であった。

〈7〉古田（二〇〇九年b）、前掲論文、一八七－一八八頁。

〈8〉日本経済新聞社は、日本短波放送を経由して経営参加していた。

〈9〉日本教育テレビは現在のテレビ朝日であり、朝日新聞社と密接な関係にあるが、日本教育テレビと朝日新聞社との関係が経営上において深まるのは、後述のように一九六〇年代半ば以降である。

〈10〉渡邉實夫「回顧　先輩の一言」テレビ朝日社友会編『テレビ朝日社友報』第一七号、二〇〇七年、六八頁。

〈11〉渡邉實夫「東京のかたすみから（二十四）テレビの始めから終わりまで――よどちょうさんのおかげです」モアラブ中川根編『中川根ふる里通信』第五一号、一九九九年、一三頁。テレビ朝日社史編纂委員会『チャレンジの軌跡』（テレビ朝日、二〇一〇年）は、「外画のNET」としている（一八〇頁）。全国朝日放送『テレビ朝日社史――ファミリー視聴の25年』（全国朝日放送、一九八四年）も同様に、「外画のNET」としている（六九頁）。この他、「映画のNET」という呼称も存在した（長谷川創一「草創期の編成と『土曜洋画劇場』誕生の思い出」『テレビ朝日社友報』第一八号、二〇〇八年、八二頁。

〈12〉『朝日新聞』一九六九年九月二八日付朝刊一五面「あふれるTVクイズ――ギャンブル化に拍車　つりあがる賞金・景品」。

〈13〉本放送開始直後の一九五九年二月一三日付『朝日新聞』（朝刊六面）は、特集記事において、早くも商業教育局の種別の問題に言及している。「さる六日夜、東洋ライト級タイトルマッチと称するプロボクシング中継があった。（略）日本教育テレビでは教養番組に入れている。さて、これが教養番組だろうか」。これに対して、日本教育テレビ編成局長・松岡謙一郎は、次のように抗弁している。「野蛮な男同士の単なる暴力行為として、かけを楽しみながらみるのなら別です。真にプロボクシングを楽しむなら知識が必要だ。そのために、解説者が登場して、このゲームの成立の歴史的背景や正式ルールを説明する。教養ではないでしょうか」。

〈14〉古田（二〇〇九年b）、前掲論文、一九六頁。

〈15〉同前。

〈16〉村上聖一「番組調和原則　法改正で問い直される機能」『放送研究と調査』二〇一一年二月、三頁。

〈17〉金澤薫『放送法逐条解説』電気通信振興会、二〇〇六年、五六頁。放送法第三条2項の二（当時）。

〈18〉古田（二〇〇九年b）、前掲論文、一九三頁。

〈19〉古田（二〇〇九年b）、前掲論文、一八七頁。

〈20〉金澤薫、前掲書、四九 - 五三頁。

〈21〉日本放送協会編『放送五十年史　資料編』日本放送出版協会、一九七七年、二二七頁。「1年前から、「学校放送番組委員会」を組織して多くの先生方のご意見をうかがい」とある。

〈22〉金澤薫、前掲書、六二頁。

〈23〉金澤薫、前掲書、六三頁。

〈24〉放送法の第二条5項（当時）。文部省『テレビジョン教育番組とその利用――学校放送番組ならびに社会教育・教養番組に関する中間試案の解説』日本放送教育協会、一九五九年、一二七頁。

〈25〉金澤薫、前掲書、四九 - 五三頁。

〈26〉文部省（一九五九年）、前掲書、一三一頁。

〈27〉同前。

〈28〉郵政省電波監理局放送部『新・放送総鑑』電波タイムス社、一九八三年、二一八頁。

〈29〉日本民間放送連盟『民間放送十年史』、一九六一年、四〇〇 - 四〇一頁。

〈30〉『読売新聞』一九六七年一一月四日付夕刊一二面「娯楽と教養の微妙な関係――30％教育・教養番組規制から」。《11ＰＭ》の種別分類の量は、同番組が放送された全期間にわたって同一であったかどうかは不明である。

〈31〉村上聖一『戦後日本の放送規制』日本評論社、二〇一六年、二五〇‐二五一頁。また、日本教育テレビの種別に関する大量の言及・言表・証言を渉猟したが、同一番組に複数の種別が含まれることに言及したものは皆無であった。元日本教育テレビ局員への聞き取り調査においても同様に、単一種別が前提であった。

〈32〉日本民間放送連盟（一九六一年）、前掲書、四〇一頁。

〈33〉同前。

〈34〉金沢覚太郎「テレビジョン番組編成の自由」『新聞学評論』第一〇巻、一九六〇年、四一頁。

〈35〉同前。

〈36〉金沢覚太郎「壁のない教室――教育テレビとテレビ教育の問題」『季刊　テレビ研究』一九五八年九月、三三‐三四頁。

〈37〉金沢は日本教育テレビ移籍以前にラジオ東京（ＴＢＳの前身）に在籍し、さらに遡れば、満州時代に広告放送を経験していた。当時、日本国内に広告放送は存在しなかったため、広告放送の経験は希少であった。

〈38〉知識洋治「映画とテレビ――『日曜洋画劇場』誕生秘話」『中央評論』第二五五号、二〇〇六年、一〇一頁。

〈39〉『読売新聞』一九六一年一二月二三日付朝刊一〇面「０９９３――お色気番組みに警告　テレビ再免許の二局に」。

〈40〉金沢覚太郎『テレビジョン――その社会的性格と位置』東京堂、一九五九年、二六二頁。

〈41〉波多野完治編『現代テレビ講座　第6巻　教育／教養編』ダヴィッド社、一九六〇年、三四頁。

〈42〉日本民間放送連盟・放送研究所編『放送の公共性』岩崎放送出版社、一九六六年、一一〇頁。

〈43〉藤竹暁『テレビの理論』岩崎放送出版社、一九六九年、一二頁。

〈44〉「第四十八回国会　衆議院　逓信委員会会議録第十二号」一九六五年四月一日、二頁。

〈45〉「第六十三回国会　参議院　逓信委員会会議録第八号」一九七〇年三月一九日、四頁。

〈46〉「第四十六回国会　衆議院　逓信委員会会議録第八号」一九六四年三月五日、二五頁。

〈47〉放送法第三条2項の二（当時）。金澤薫、前掲書、五六頁。

〈48〉郵政省電波監理局放送部、前掲書、二一八頁。

〈49〉金澤薫、前掲書、四九‐五一頁。

〈50〉金澤薫、前掲書、五一‐五三頁。

〈51〉郵政省電波監理局放送部、前掲書、一〇五‐一〇六頁。

〈52〉国立国会図書館に二三八号から三二五号が所蔵されている（二〇一六年一二月二八日時点）。内容は、エンターテイメント系の番組紹介が多く、番組プロモーションの性格が強い。

〈53〉日本教育テレビ宣伝課では、『NETニュース』という番組週刊誌を毎週一回発行し、「各団地の家庭に無料で配布していた」という（長尾三郎『週刊誌血風録』講談社、二〇〇四年、一八八頁）。

〈54〉金澤薫、前掲書、六一頁。

〈55〉例えば、放送教育の第一人者であった西本三十二は、日本教育テレビについて「教養放送、教育放送、学校放送を運営している」と述べている。西本三十二『教育の近代化と放送教育』三陽社、一九六六年、一〇九頁。

〈56〉波多野、前掲書、三四頁。

〈57〉日本民間放送連盟・放送研究所、前掲書、七六頁。

〈58〉日本民間放送連盟・放送研究所、前掲書、七五頁。

〈59〉白根孝之『教育テレビジョン』国土社、一九六四年、二九頁。

〈60〉「第四十八回国会　衆議院　逓信委員会会議録第十二号」一九六五年四月一日、二頁。

〈61〉「第五十六回国会　衆議院　逓信委員会会議録第四号」一九六七年一一月一五日、一一頁。

〈62〉「第六十三回国会　参議院　逓信委員会会議録第八号」一九七〇年三月一九日、四頁。

〈63〉『読売新聞』一九六四年四月二八日付朝刊一〇面「茶の間席――娯楽性と教養性」。

〈64〉『読売新聞』一九六七年一一月四日付夕刊一二面「娯楽と教養の微妙な関係」。

〈65〉関西民放くらぶ「放送を考える会」。〈http://kansai-minpo.com/〉（最終アクセス日＝二〇一八年一一月二〇日）。

〈66〉知識、前掲論文、一〇一頁。

〈67〉『毎日新聞』一九五九年一月一五日付夕刊一面「日本教育とフジ　開局近い二つのテレビ」。

〈68〉「第六十八回国会　参議院　逓信委員会放送に関する小委員会会議録　第二号」一九七二年六月六日、二頁。

〈69〉「第六十五回国会　衆議院　逓信委員会放送に関する小委員会会議録第三号」一九七一年五月一八日、五頁。

〈70〉坂元彦太郎他「教育TVの本格的放送開始にあたって――座談会」『文部時報』第九七二号、一九五八年、九頁。

〈71〉金澤覚太郎（一九五九年）、前掲書、二六六頁。

〈72〉金沢覚太郎『テレビの良心』東京堂出版、一九七〇年、一一三頁。

〈73〉全国朝日放送、前掲書、七四頁。

〈74〉テレビ朝日社史編纂委員会、前掲書、一五二頁。

〈75〉全国朝日放送、前掲書、七七頁。

〈76〉全国朝日放送、前掲書、一八一頁。

〈77〉日本放送協会（二〇〇一年）、前掲書、四三八頁。

〈78〉佐藤清四郎「回想「教育事情とともに30年」」テレビ朝日社友会編『テレビ朝日社友報』第六号、一九九六年、一〇四頁。

〈79〉全国朝日放送、前掲書、六五頁。

〈80〉テレビ朝日社史編纂委員会、前掲書、一八一頁。

〈81〉土岐邦三「学校放送ことはじめ」テレビ朝日社友会編『テレビ朝日社友報』第一一号、二〇〇一年、八五頁。土岐によれば、初期の学校放送番組の視聴率は「0」であったという。

〈82〉志賀信夫『テレビ人間考現学』毎日新聞社、一九七〇年、二三〇頁。

〈83〉日本放送協会（二〇〇一年）、前掲書、四三八頁。

〈84〉テレビ朝日社史編纂委員会、前掲書、一五二頁。

〈85〉日本放送協会（二〇〇一年）、前掲書、四三八頁。

〈86〉日本民間放送連盟（一九六一年）、前掲書、四〇二頁。

〈87〉近藤紘「おばんと私」テレビ朝日社友会編『テレビ朝日社友報』第一二号、二〇〇二年、三五頁。

〈88〉二〇一七年四月一二日、三鷹市において、元日本教育テレビの酒井平氏に対し聞き取り調査を行った。聞き取り調査は約一時間、筆者一人が行った。質問紙を用意し、半構造化インタビューの形式によった。酒井氏は幼稚園児などを対象とした番組を希望したというが、その主な理由は、小学生以上の学校放送番組よりも自由度が高いからであったという。

〈89〉日本教育テレビで学校教育番組を担当していた土岐邦三によれば、全国各地の小中学校に配布したものとして、「指導要領カリキュラム、当時としては立派なカラー印刷（表紙だけ）テキスト、年間の番組表と内容が詳細に記載されたものがあった」という（土岐邦三「半世紀・反省記」テレビ朝日社友会編『テレビ朝日社友報』第一八号、二〇〇八年、六七頁）。元日本教育テレビの酒井氏も、筆者の聞き取りに対して、実験校に対するテキストなどの無料配布を証言している。

〈90〉『テレビ・メイト』という有料のPR誌を毎月一回発行していた（テレビ朝日社史編纂委員会、前掲書、一九四頁）。

〈91〉文部省『教育と放送』日本放送教育協会、一九六八年、九八頁。

〈92〉小田久榮門『テレビ戦争勝組の掟――仕掛人のメディア構造改革論』同朋舎、二〇〇一年、一八三頁。

〈93〉全国朝日放送、前掲書、一三二頁。

〈94〉テレビ朝日社史編纂委員会、前掲書、一五三頁。

〈95〉テレビ朝日社史編纂委員会、前掲書、一九一頁。

〈96〉既述の通り、どの番組がどの種別に分類されたかは不明であるが、《小学4年理科》などの明らかに学校放送番組であるものは、新聞のプログラムを見る限りにおいて二－三時間とほぼ一定であった。

〈97〉後に五〇％以上へと若干緩和された。

〈98〉法令などによって義務ではなかったの意であり、娯楽番組や教養番組において出版が皆無であったわけではない。

〈99〉石橋清「開局三十五周年に思う――第二の開局」テレビ朝日社友会編『テレビ朝日社友報』第四号、一九九四年、二五頁。

〈100〉日本民間放送連盟（一九六一年）、前掲書、四〇一頁。

〈101〉RKB毎日放送『放送RKB』第一〇号、一九六二年一月、二六頁。

〈102〉塩沢茂『ドキュメント・テレビ時代』講談社、一九七八年、一一八頁。

第二章

〈1〉日本放送協会編『20世紀放送史　上』日本放送協

会、二〇〇一年、三七〇頁。

〈2〉日本放送協会（二〇〇一年）、前掲書、三九四頁。

〈3〉日本放送協会（二〇〇一年）、前掲書、三八八頁。

〈4〉日本放送協会（二〇〇一年）、前掲書、三八八－三八九頁。

〈5〉日本放送協会（二〇〇一年）、前掲書、三九〇頁。

〈6〉とり・みき『とり・みきの映画吹替王』（別冊映画秘宝 vol. 3）洋泉社、二〇〇四年、二九頁。

〈7〉森川友義・辻谷耕史「声優のプロ誕生」メディア史研究会編『メディア史研究』第一四号、二〇〇三年、一二一－一二二頁。

〈8〉日本テレビ放送網株式会社社史編纂室『大衆とともに25年〈沿革史〉』（日本テレビ放送網、一九七八年、八六頁）によれば、吹き替え第一号は、一九五六年放送の《テレビ坊やの冒険》であった。『読売新聞』一九七五年二月九日付朝刊二六面「アテレコ異変あれこれ」によると、「アテレコを最初に使った作品」は、一九五五年の日本テレビ《ロビンフッドの冒険》だったというが、同『読売新聞』一九五六年六月九日付朝刊八面「たゞ口をパクパク――NTV〝ロビンフッド〟14日から」は、一九五六年六月一四日の放送からアテレコを開始すると伝えている。また、NTVでは字幕も試みられている（日本音声製作者連盟『吹き替え文化の明日に向かって』、二〇〇八年、一一三頁）。

〈9〉日本テレビにおける録音方式の吹き替えについては、安井治兵衛『辛苦労日記』（暁出版、一九六三年）が詳しい。

〈10〉日本テレビ放送網株式会社『月刊　日本テレビ』第二〇号、一九六〇年、三〇頁。

〈11〉『読売新聞』一九五六年五月二九日付朝刊八面「ラジオテレビ――「ロビンフッドの冒険」登場」。

〈12〉津川溶々「テレビ映画の日本語版」『言語生活』一九六〇年一月号、一五頁。

〈13〉日本音声製作者連盟『吹き替え文化の明日に向かって』、二〇〇八年、七九－八〇頁。

〈14〉日本テレビ放送網株式会社、前掲書、三〇頁。

〈15〉日本音声製作者連盟（二〇〇八年）、前掲書、七七頁。

〈16〉テレビ朝日編『映画はブラウン管の指定席で』全国朝日放送、一九八六年、三二頁。

〈17〉とり・みき、前掲書、一〇六頁。

〈18〉同前。

〈19〉テレビ朝日（一九八六年）、前掲書、三三頁。

〈20〉テレビ朝日（一九八六年）、前掲書、三二頁。

〈21〉とり・みき、前掲書、一〇六頁。

〈22〉翻訳研究においては、翻訳前後のテクストが機能上等しいことを等価と呼び、長く問題としてきた。それに対して近年は、翻訳を広義に捉え、翻訳前後の文化や、翻訳行為における規範などを視野に入れた研究が増加している。

〈23〉日本音声製作者連盟（二〇〇八年）、前掲書、一一三頁。

〈24〉同前。

〈25〉NHKエンタープライズ制作本部映画・海外番組『日本語版制作50年の歩み』、二〇〇八年、三頁。

〈26〉日本音声製作者連盟（二〇〇八年）、前掲書、一一四頁。

〈27〉日本音声製作者連盟（二〇〇八年）、前掲書、一一五頁。

〈28〉同前。

〈29〉乾直明『外国テレビ映画読本』朝日ソノラマ、一九九二年、二〇五頁。

〈30〉同前。

〈31〉萩原滋「外国製作のテレビ番組に対する日本人の態度」『マス・コミュニケーション研究』第四七号、一九九五年、一九一頁。

〈32〉乾直明『ザッツTVグラフィティ――外国テレビ映画35年のすべて』フィルムアート社、一九八八年、一〇四頁。

〈33〉日本音声製作者連盟（二〇〇八年）、前掲書、一一三頁。

〈34〉志賀信夫「計り知れないアメリカ・テレビドラマの影響力」『臨時増刊キネマ旬報』第一二二七号、一九九七年、一一九頁。

〈35〉日本テレビ放送網株式会社社史編纂室、前掲書、八六‐八七頁。日本テレビの社史も、NHKは「「吹き替え方式は原作を侵害するものだ」という考え方を持っていた」と指摘している。

〈36〉放送期間については、資料によって揺らぎがみられる。

〈37〉とり・みき、前掲書、一〇〇頁。

〈38〉大久保正雄「吹きかえ苦労話」『月刊　日本テレビ』第一一号、一九五九年、四九頁。

〈39〉テレビ朝日（一九八六年）、前掲書、四〇頁。

〈40〉とり・みき、前掲書、一〇〇頁。

〈41〉淀川長治『淀川長治の日曜洋画劇場』雄鶏社、一九七七年、四六頁。

〈42〉津川、前掲論文、一五頁。

〈43〉『読売新聞』一九五七年六月二八日付朝刊五面「放送塔」。

〈44〉『読売新聞』一九五七年七月九日付朝刊五面「放送塔」。

〈45〉矢島正明『矢島正明　声の仕事』洋泉社、二〇一五年、一三一頁。

〈46〉矢島、前掲書、一三二頁。

〈47〉同前。ただし、すべてがそうではなく、例えば日本テレビのディレクター・藤井賢祐は、「画面の口の動きなどそんなに厳密に考える必要はない」と考えていたという。とり・みき、前掲書、二七二頁。

〈48〉吹き替えされた音声が放送されるまでの技術上の過程は、収録・編集・送出に大別できる。送出とは、放送波にのせる際の再生などを指すが、送出の際にも、映像や音声に遅延が発生し、結果としてリップシンクがずれることが生じていた。

〈49〉日本民間放送連盟『民間放送十年史』、一九六一年、五〇六頁。

〈50〉日本音声製作者連盟（二〇〇八年）、前掲書、八七頁。

〈51〉テレビ朝日（一九八六年）、前掲書、四四頁。

〈52〉『読売新聞』一九六二年六月二日付朝刊五面「放送塔」。「朗読調で、ぜんぜんクーパーのもつムードが感じられなかった」。

〈53〉『毎日新聞』一九七六年九月一一日付夕刊七面「土曜レポート——テレビ洋画の吹替え〝声の主役〟たち」。

〈54〉『読売新聞』一九六〇年一二月一五日付夕刊五面「スクリーン「家なき子」」。

〈55〉テレビ朝日（一九八六年）、前掲書、三三一‐三四頁。日本芸能実演家団体協議会の二十年史『芸団協春秋二十年』、一九八七年、一九頁。

〈56〉とり・みき、前掲書、二七五頁。

〈57〉『言語生活』一九五八年三月、五頁。

〈58〉テレビ朝日社史編纂委員会『チャレンジの軌跡』テレビ朝日、二〇一〇年、一六七頁。

〈59〉テレビ朝日（一九八六年）、前掲書、四〇頁。

〈60〉「太平洋テレビ　清水昭「TV・芸能界の風雲

児」」『シネビ・エイジ』第七五号、一九六六年一一月、六頁。

〈61〉東京国税庁「損害賠償等請求事件（東京地裁昭和三九年（ワ）第二五五四号）裁判状況調書（一）」、八〇四頁。

〈62〉高田茂登男『国税・検察の黒い霧』現代評論社、一九七六年、六〇頁。

〈63〉高田茂登男、前掲書、一四四頁。

〈64〉高田茂登男、前掲書、六一頁。

〈65〉高田茂登男、前掲書、六二－六三頁。

〈66〉知識洋治「映画とテレビ――『日曜洋画劇場』誕生秘話」『中央評論』第二五五号、二〇〇六年、九九頁。

〈67〉『毎日新聞』は、東映や社長の大川博の動きを次のように伝えている。「米国の例にならって映画とテレビ企業の一体化をねらっており「東映マンガ製作所」などテレビ用の映画のプロダクションを新設、自社ばかりでなく他のテレビ局にもどんどん映画を提供する計画だ。「五社協定など〝国際テレビ〟が発足するころにはなくなっているだろう」と大へんな強気で、五社の結束は早くもゆらぎ出したようだ」（一九五六年七月二二日付朝刊六面「ラジオ――テレビ洋画時代へ」）。「東映だけは〝テレビと映画の共存共栄〟〝テレビと映画の一元経営〟を目ざして、着々準備をすすめている。（略）東映社長の大川博氏が、教育テレビの会長を兼ねるというほとんど主導権をにぎったような形にもっていった」（一九五八年八月五日付夕刊二面「映画はテレビと共存――独り気を吐く東映」）。「日本教育テレビのことを映画界では〝東映のテレビ〟と呼んでいる。この局の会長が大川東映社長であり」（一九五九年一一月二九日付朝刊一五面「テレビ　たけなわの攻防戦　映画――減ってきた観客数――〝大作〟〝共存〟でまき返しへ」）。

〈68〉『読売新聞』一九五九年五月二一日付朝刊四面「急ピッチでふえる――アメリカのテレビ映画輸出」。

〈69〉長谷川創一「草創期の編成と『土曜洋画劇場』誕生の思い出」『テレビ朝日社友報』第一八号、二〇〇八年、八三頁。

〈70〉テレビ朝日（一九八六年）、前掲書、一五頁。

〈71〉ばばこういち『なっとくいかない税務署のカラクリ』山手書房、一九八〇年、六〇頁。

〈72〉テレビ朝日（一九八六年）、前掲書、一四頁。

〈73〉外貨枠の関係などから、日本教育テレビは毎日放送テレビと協調して外国テレビ映画を輸入していた。《ローハイド》は、毎日放送テレビと日本教育テレビが「共同で買付けた」という。南木淑郎『楊梅は孤り高く』毎日新聞社、一九七六年、三四二頁。

〈74〉『テレビジョンリポート』中央通信研究所（一九六一年二月号）によれば、「電通では昨年一一月二六日（土）から一二月二日（金）の一週間、全国六地区いっせいに視聴率調査を実施した」という。同調査によれば、日本教育テレビ内における視聴率第一位は《ララミー牧場》の三七・一%、第二位は《ローハイド》の三〇・四%であった（三七頁）。テレビ全体としては、《ララミー牧場》は六位、NHKを除くと、TBSに次いで民放第二位であった（三六頁）。

〈75〉高田茂登男、前掲書、七二頁。

〈76〉同前。

〈77〉とり・みき、前掲書、二七二頁。

〈78〉テレビ朝日（一九八六年）、前掲書、二八頁。

〈79〉猪瀬直樹『二度目の仕事――日本凡人伝』新潮社、一九八八年、一九〇頁。

〈80〉猪瀬、前掲書、一九一頁。

〈81〉テレビ朝日（一九八六年）、前掲書、一七頁。

〈82〉淀川、前掲書、二六頁。

〈83〉同前。

〈84〉知識、前掲論文、一〇一頁。

〈85〉淀川、前掲書、二八頁。

〈86〉淀川、前掲書、二五五頁。

〈87〉テレビ朝日、前掲書、一〇〇頁。

〈88〉教養番組についても、教育番組と同様に、「培養するのに役だたせようとする積極的な意図」を送り手に求めている。

〈89〉テレビ朝日（一九八六年）、前掲書、三六頁。

〈90〉テレビ朝日（一九八六年）、前掲書、一五頁。

〈91〉渡邉實夫「東京のかたすみから（二十四）テレビの始めから終わりまで――よどちょうさんのおかげです」モアラブ中川根編『中川根ふる里通信』第五一号、一九九九年、一三頁。

〈92〉筑紫哲也『筑紫哲也の小津の魔法使い』世界文化社、一九九九年、九一頁。

〈93〉小倉慶郎「異化と同化の法則――foreignizationとdomesticationはいかなる条件で起こるのか」『言語と文化』第七号、二〇〇八年、六二頁。小倉によれば、「一般に、聖書・法律などの翻訳は、source textに対する忠実度が高く「異化」の割合が高い。一方、ジャーナリズム翻訳や映像翻訳などは、source text/cultureの知識が少ない一般読者（観客）を相手にしているから、「同化」の割合が高くなる」という。

〈94〉乾直明『外国テレビフィルム盛衰史』晶文社、一九九〇年、一三四頁。

〈95〉阿部邦雄「アメリカ・テレビ映画年代記――わが国でのアメリカ・テレビ映画の足どり」『放送文化』一九六七年五月号、一七頁。阿部によれば、放送された外国テレビ映画の量的ピークは一九六三年と一九六四年であり、両年ともに五四本であった。一九六一年は五二本であり、一九六二年は四〇本と大きく減少している。『吹替洋画劇場』（別冊映画秘宝 Vol.1）（洋泉社、二〇〇三年）によれば、「62年5月に「闇ドル事件」が大きく報道されている。外国テレビ映画輸入では最大手のプロダクションのひとつである太平洋テレビの社長が、国税庁に三万ドルの外国為替管理法違反で逮捕されたのだ。（略）太平洋テレビは、全国四十四のうち、ほとんどの四十二局に配給していたプロダクションだけに、深刻な影響を与えた」としている（二一二頁）。

〈96〉しかしながら、一九七〇年代に入っても、NHKは字幕と吹き替えを使い分け、一九七〇年代に入っても、字幕による放送を行っていた（とり・みき、前掲書、一〇一頁）。『読売新聞』一九七二年五月五日付朝刊二〇面「放送塔」には、NHKの劇映画の放送に対して、「セリフを字幕にしていたが、吹き替えになれてしまった昨今ではかえって見にくい」という投書が寄せられている。また、『読売新聞』一九七二年四月六日付朝刊二三面「テレビ街――NHKも洋画ワク」には、次のような記述がある。「民放テレビ局がしのぎをけずっている夜の劇場用洋画に、今月から月一回、NHKが定時放送ワクを設け、なぐり込をかける。（略）民放では、すべて声の吹き替えを使っているが、原作の味をそこなわないようにという建て前からスーパー・インポーズ方式で放送する予定」。『読売新聞』一九七三年三月七日付朝刊一三面によれば、NHKは字幕の見やすさを向上させるため、「シャドー・インサーター」という方式を開発したという。技術上での改善は、NHKの特徴でもあった。

〈97〉記事中の表記は「片岡編成部長」であり、フルネームは不明である。

〈98〉『読売新聞』一九六三年一一月九日付朝刊一一面「外国劇映画とセリフ――大部分がアテレコ　ナマの声が楽しめる〝スーパー〟の再検討も」。

〈99〉『読売新聞』一九六四年三月一六日付朝刊一〇面「放送局からのお答え」。

〈100〉『読売新聞』一九六一年一〇月一三日付朝刊三面「気流――吹き替え声優の育成を」。

〈101〉「他局への対抗意識」が原因であったという指摘もある。『キネマ旬報』二〇一三年七月上旬号No. 1640、一三〇頁。

〈102〉『読売新聞』一九六四年四月二二日付朝刊一〇面「放送塔」、同一九六五年八月七日付朝刊一〇面「放送塔」、同一九六五年八月二〇日付朝刊一〇面「放送塔」など多数。

〈103〉『読売新聞』一九六五年一〇月一八日付朝刊七面「放送塔」。

〈104〉各年における六月第一週を対象に集計した。

〈105〉『読売新聞』一九六六年一〇月一日付夕刊一一面の広告「テレビ史上初の快挙――土曜洋画劇場」。

〈106〉とり・みき、前掲書、五五頁。

〈107〉二〇一七年四月二六日、東京・紀尾井町の「春秋館」において、知識洋治氏に対して三時間程度、筆者が聞き取りを行った。

〈108〉テレビ朝日（一九八六年）、前掲書、三八頁。

〈109〉同前。

〈110〉淀川、前掲書、四六頁。

〈111〉『キネマ旬報』二〇一二年四月上旬号No. 1607、一二六頁。

〈112〉淀川、前掲書、四六頁。

〈113〉荒井魏『淀川長治の遺言』岩波書店、一九九九年、一七五頁。

〈114〉『読売新聞』一九六七年三月一一日付朝刊一〇面「放送塔」。

〈115〉とり・みき、前掲書、七八頁。

〈116〉テレビ朝日（一九八六年）、前掲書、三八頁。

〈117〉テレビ朝日（一九八六年）、前掲書、三二頁。

〈118〉テレビ朝日（一九八六年）、前掲書、三四頁。

〈119〉日本音声製作者連盟『音声制作者の自画像と夢』、二〇〇一年、一六九頁。

〈120〉テレビ朝日（一九八六年）、前掲書、七五頁。

〈121〉テレビ朝日（一九八六年）、前掲書、七六頁。

〈122〉テレビ朝日（一九八六年）、前掲書、四七頁。その後、フィックス制を見直す動きもある。

〈123〉テレビ朝日（一九八六年）、前掲書、四五頁。

〈124〉同前。

〈125〉テレビ朝日（一九八六年）、前掲書、四六頁。

〈126〉同前。

〈127〉テレビ朝日（一九八六年）、前掲書、三〇頁。

〈128〉テレビ朝日（一九八六年）、前掲書、四一頁。

〈129〉とり・みき&吹替愛好会『吹替映画大事典』三一書房、一九九五年、一六六頁。

〈130〉同前。

〈131〉テレビ朝日（一九八六年）、前掲書、一〇八頁。

〈132〉とり・みき、前掲書、二八三頁。

〈133〉とり・みき、前掲書、一四頁。

〈134〉とり・みき&吹替愛好会、前掲書、五三頁。

〈135〉高田城・千葉節子『声優になるには』ぺりかん社、一九八三年、四二頁。

〈136〉とり・みき&吹替愛好会、前掲書、一六二頁。

〈137〉とり・みき&吹替愛好会、前掲書、五六頁。

〈138〉『読売新聞』一九七一年一〇月八日付夕刊七面「アテレコ翻訳――その舞台裏」。

〈139〉高田・千葉、前掲書、六三頁。

〈140〉同前。

〈141〉テレビ朝日（一九八六年）、前掲書、七〇頁。

〈142〉同前。

〈143〉矢島、前掲書、二六頁。

〈144〉柴田耕太郎『翻訳家になる方法』青弓社、一九九五年、二一一頁。

〈145〉佐藤卓己『テレビ的教養――一億総博知化への系譜』NTT出版、二〇〇八年、二八二頁。

第三章

〈1〉日本放送協会編『20世紀放送史　上』日本放送協会、二〇〇一年、四六四頁。

〈2〉日本放送協会（二〇〇一年）、前掲書、四六七頁。

〈3〉東京放送については、一九六〇年以前は「ラジオ東京テレビ」とし、以降は「TBSテレビ」と英字による略称を用いた。一部、組織としての東京放送については、「TBS」とした。

〈4〉日本放送協会（二〇〇一年）、前掲書、五四一－五四二頁。

〈5〉日本放送協会（二〇〇一年）、前掲書、五六六頁。

〈6〉日本放送協会（二〇〇一年）、前掲書、四一五-四一七頁。

〈7〉木島則夫が《木島則夫モーニングショー》の司会を降板した後、日本教育テレビは《長谷川肇モーニングショー》《奈良和モーニングショー》など、司会者の名を冠し、「モーニングショー」そのものは継続した。したがって本書では、《木島則夫モーニングショー》は《木島》と略記したが、後続の番組を含めた場合は《モーニングショー》と略記した。

〈8〉日本放送協会（二〇〇一年）、前掲書、五七三頁。

〈9〉同前。

〈10〉中野収「特別報告（2）ジャーナリズムの衰退」『マス・コミュニケーション研究』第三五号、一九八五年、一八九頁。

〈11〉渡邉實夫「回顧　先輩の一言」テレビ朝日社友会編『テレビ朝日社友報』第一七号、二〇〇七年、六八頁。

〈12〉放送人の会「放送人の証言」（証言者＝久野浩平、聞き手＝大山勝美、取材日＝二〇〇五年一一月三〇日、視聴日＝二〇一八年六月二一日）。

〈13〉日本経済新聞社は、日本短波放送を経由して日本教育テレビに関与しており、相対的に消極的であった。

〈14〉塩沢茂『ドキュメント・テレビ時代』講談社、一九七八年、一一八頁。

〈15〉同前。

〈16〉『毎日新聞』一九五八年八月五日付夕刊二面「映画はテレビと共存――独り気を吐く東映」。

〈17〉江間守一『この放送には聴取料がいりません』時事通信社、一九七四年、一三〇頁。

〈18〉放送人の会「放送人の証言」（証言者＝北代博、聞き手＝大山勝美・久野浩平、取材日＝二〇〇四年五月二八日、視聴日＝二〇一八年三月一日）。「この頃ね、企画が難しかったんですよね」「NETというのは教育局ですからね」。

〈19〉『読売新聞』のプログラム欄より抜粋した。

〈20〉浅田孝彦「コーヒーの味」テレビ朝日社友会編『テレビ朝日社友報』第一四号、二〇〇四年、三三頁。

〈21〉日本放送協会（二〇〇一年）、前掲書、二八八-二八九頁。

〈22〉長谷川創一「草創期の編成と『土曜洋画劇場』誕生の思い出」『テレビ朝日社友報』第一八号、二〇〇八年、八二頁。

〈23〉『朝日新聞』一九五九年二月一三日付朝刊六面「学芸――教育テレビへの注文　視聴者の声、ふんだんに　高級娯楽で大衆教育も」。

〈24〉同前。

〈25〉同前。

〈26〉『読売新聞』一九五七年三月二七日付朝刊八面「お昼に婦人ニュース――育児や家庭園芸まで　むしろショー的性格のもの」。

〈27〉同前。

〈28〉荒川恒行『これはビックリ!　ワイドショーの裏側』エール出版社、二〇〇〇年、三四頁。

〈29〉越智正典『アナおもしろ記』報知新聞社、一九六五年、二〇一頁。

〈30〉越智、前掲書、二〇〇頁。

〈31〉長谷川、前掲論文、八二頁。

〈32〉浅田孝彦『ニュース・ショーに賭ける』現代ジャーナリズム出版会、一九六八年、一〇頁。

〈33〉『読売新聞』のプログラム欄によれば、一九五九年四月六日に放送が開始されている。

〈34〉実際の放送は、時間上において若干前後した。

〈35〉三名の著書の経歴などによる。

〈36〉「ドラマ演出一筋・吉武富士夫さんに聴く――草創期のテレビドラマは何をやっても楽しかった!」テレビ朝日社友会編『テレビ朝日社友報』第二五号、二〇一五年、一二頁。

〈37〉田川一郎『愛しきテレビマンたち』創樹社、一九九六年、九四頁。

〈38〉新里善弘「花開いた「キャスターニュース」」テレビ朝日社友会編『テレビ朝日社友報』第二三号、二〇一三年、三五頁。

〈39〉同前。

〈40〉塩沢、前掲書、一一八頁。

〈41〉前年度より約四時間伸びている。

〈42〉例えば、『読売新聞』一九六二年四月二〇日付朝刊五面「ラジオ週評」は、ラジオ番組の《フランキーのゴールデン・ワイド・ショー》を紹介している。

〈43〉塩沢、前掲書、一一八頁。

〈44〉二〇一七年四月二六日、既述のように、元日本教育テレビの知識洋治氏一人に対して三時間程度、筆者が聞き取り調査を行った。

〈45〉塩沢、前掲書、一一八頁。

〈46〉『読売新聞』一九六一年一月二八日付朝刊六面

「朝の視聴率四倍に」。

〈47〉『朝日新聞』一九六一年六月二七日付朝刊五面「米国の〝全日テレビ放送〟――フジテレビ村上編成部長のみやげ話」。

〈48〉同前。

〈49〉『朝日新聞』一九六一年一月三一日付朝刊七面「テレビにもディスク・ジョッキー――NETテレビの「東京アフタヌーン」」。

〈50〉江間守一『放送ジャーナリスト入門』（時事通信社、一九八一年）は、ワイドショーの「原型を求めるとしたら、ラジオのディスクジョッキーであろう」としている（一一六頁）。

〈51〉『朝日新聞』一九六一年一月三一日付朝刊七面「テレビにもディスク・ジョッキー――NETテレビの「東京アフタヌーン」」。

〈52〉『読売新聞』一九五九年一二月二二日付朝刊六面「今年を顧みて　ラジオ――ニュースに精彩　D・J番組大いにふえる」。

〈53〉浅田（一九六八年）、前掲書、一一頁。

〈54〉「雑誌形式」は本書が便宜上、用いた言葉である。雑誌形式を採用したニュース番組は、英語では news magazine と呼ばれる。日本語では「マガジンスタイル」などと呼ばれる。『放送文化』は、ドイツにおける同様の番組を紹介する際に、「マガジン番組」と呼んでいる。「マガジンコンセプト」などの表記もある。

〈55〉『毎日新聞』一九六一年六月一五日付夕刊八面「楽しい雑誌構成で――NETで今夜から四五分の新番組「テレビ週刊誌ただいま発売」」。

〈56〉江間（一九七四年）、前掲書、一六六頁。廣畑一雄・清水正三郎・小島明『生活の中のテレビ』（国土社、一九七七年）によれば、「A氏自身はテレビディレクターになる前に、婦人雑誌の記者経験をふんでおり、そのころ、秋山ちえ子女史の「お勝手から今日は」を担当したことから、日本人らしい井戸端会議、床屋談義のムードをテレビに持ち込もうとの発想を持っていた。その発想が「トウディ」と結びついたとみてよいだろう」（二五四頁）という。あるいは、「浅田は昭和33年入局、主として教養番組の演出を手がけ、奥野信太郎をインタビューアーに、有名女性に歯にキヌ着せぬ質問を浴びせる『女の座』という面白い番組を100本以上つくった」ともいう（浅田孝彦「初のワイドショーはこうして生まれた」『放送文化』一九八三年一〇月号、四八頁)。
〈57〉 NHK放送文化研究所編『テレビ視聴の50年』日本放送出版協会、二〇〇三年、二〇頁。
〈58〉 同前。
〈59〉 浅田(一九六八年)、前掲書、一二頁。
〈60〉 例えば、『読売新聞』一九六〇年一二月八日付朝刊六面「一位はプロレス(NTV)三党首討論会も上位にはいる」は、トンプソン市場調査研究所による一一月八日から一四日までの東京地区の調査を伝えている。各局独自の調査は、ラジオ時代からあったようだ。
〈61〉 日本放送協会(二〇〇一年)、前掲書、五二九頁。アメリカのニールセン社は、一九六〇年に日本テレビと契約を結び、日本支社を設立している。
〈62〉 同前。
〈63〉 同前。
〈64〉 志賀信夫『テレビ人間考現学』毎日新聞社、一九七〇年、二一五頁。
〈65〉 日本放送協会編『放送五十年史』日本放送出版協会、一九七七年、六八六頁。
〈66〉 日本放送協会(二〇〇一年)、前掲書、五七一頁。
〈67〉 全国朝日放送『テレビ朝日社史——ファミリー視聴の25年』全国朝日放送、一九八四年、九八頁。
〈68〉 土岐邦三「学校放送ことはじめ」テレビ朝日社友会編『テレビ朝日社友報』第一一号、二〇〇一年、八五頁。第一章で既述のように、土岐によれば、初期の学校放送番組の視聴率は「0」であったという。
〈69〉 日本放送協会(二〇〇一年)、前掲書、五七一頁。
〈70〉 浅田(一九六八年)、前掲書、九‐一〇頁。
〈71〉 『読売新聞』一九六四年一一月一〇日付朝刊一一面「ニュースコーナー——NET社長に赤尾氏」。
〈72〉 塩沢茂『放送をつくった人たち』オリオン出版社、一九六七年、二二七頁。
〈73〉 同前。
〈74〉 佐怒賀三夫「NETテレビ——派閥抗争からの脱皮」『総合ジャーナリズム研究』一九六七年一二月号、八四頁。
〈75〉 浅田、前掲書、四一頁。
〈76〉 『読売新聞』一九六五年一月一日付第二別刷三九面「テレビ　いまは生活の一部——「どこもドラマ」は困りもの」。
〈77〉 同前。
〈78〉 日本放送協会(二〇〇一年)、前掲書、五七〇頁。

〈79〉《東京アフタヌーン》でも三人や複数の司会者が企図されていた。しかし《東京アフタヌーン》では、三人の司会者が「一週おきに交代」で司会を務める形式であった（『朝日新聞』一九六一年一月三一日付七面「テレビにもディスク・ジョッキー――NETテレビの「東京アフタヌーン」」）。

〈80〉浅田（一九六八年）、前掲書、一一頁。

〈81〉浅田（一九六八年）、前掲書、一八〇‐一八四頁。他に、『読売新聞』一九六四年四月七日付朝刊一〇面「茶の間席――朝の好番組み」など多数。

〈82〉例えば、『読売新聞』一九六九年二月二七日付朝刊一〇頁のプログラム欄によると、《モーニングショー》の内容は、「通信簿騒動が生んだ波紋」となっている。後年であるが、教育評論家の坂東義教は、《モーニングショー》の出演をきっかけに人気となり、『坂東先生の教育講座――子どもの心を育てるモーニングショー』（全国朝日放送、一九七九年）など、同局から五冊の書籍を刊行している。

〈83〉岡本博・福田定良『現代タレントロジー』法政大学出版局、一九六六年、三八〇頁。

〈84〉『読売新聞』一九六七年八月一五日付朝刊一〇面「放送塔」。

〈85〉『読売新聞』一九六六年一〇月一二日付朝刊七面「放送塔」。

〈86〉『読売新聞』一九六七年一一月二九日付朝刊一〇面「茶の間席――低俗な娯楽色の味つけ」。

〈87〉田村魚菜『たのしい　アフタヌーンショー――1000万人の田村魚菜料理教室　テキスト集』魚菜学園出版局、一九六七年、一七頁。「「田村魚菜の料理教室」入学式」「校長先生と生徒」「鰻と「大奮斗」」（以上、一二四頁）。「落第式」（一二六頁）など。

〈88〉『テレビ・メイト』二四八号、一九七〇年四月、五頁。

〈89〉大木博「報道番組の娯楽への傾斜――「やさしいテレビニュース」にもの申す」『放送文化』一九六五年四月号、八頁。

〈90〉『読売新聞』一九六七年四月一〇日付朝刊七面「投書へのお答え――視聴者参加の料理教室を検討中」。『読売新聞』一九六七年四月二四日付朝刊七面「放送塔」には、《アフタヌーンショー》における「視聴者の俳句募集」への言及が掲載されている。『読売新聞』一九六八年八月一四日付朝刊八面「十九日から企画を一新――NETモーニング・ショー」には、「スタジオに百人ほどの主婦を入れ、テーマによってはその場でディスカッションに持ってゆき」「ゆくゆくはこの主婦たちと〝モーニング・ショー友の会〟を作りたい」という送り手の発言がみられる。

〈91〉「座談会　あたらしいニュース形式を創る――ニュースショーへの姿勢とその可能性」『放送文化』一九六九年三月号、二九頁。

〈92〉「座談会　教養番組の前途は明るい――教養番組これからの方向」『放送文化』一九六七年四月号、二六頁。

〈93〉この時期の視聴率測定の結果は、毎週金曜日に一週間分が一括して発表された。一九七七年には、「前日の視聴率状況を翌日報告するオンラインサービス」が開始されている（藤平芳紀『視聴率の謎にせまる』ニュートンプレス、一九九九年、四二頁）。

〈94〉浅田は前掲書（一九六八年）においてたびたび視聴率に言及している。視聴率は、短期的あるいは長期的に検討され、また他局の番組についても検討された。

〈95〉浅田孝彦「この一年」テレビ朝日社友会編『テレビ朝日社友報』第一九号、二〇〇九年、五六頁。

〈96〉浅田（一九六八年）、前掲書、一八‐二〇頁、一七九‐一八二頁。

〈97〉テレビ朝日社史編纂委員会『チャレンジの軌跡』テレビ朝日、二〇一〇年、一八九頁。

〈98〉浅田（一九六八年）、前掲書、一〇三頁。

〈99〉放送終了後の会議の雰囲気は「全員が翌日の番組の企画者であり、制作者であった」という。浅田が意図した内容とディレクターの分離は、必ずしも内容から作り手を疎外することではなく、放送される番組内容を決定する際の自由度を高めるのが目的であった。言い換えると、番組を構成する内容はディレクター個人に属するのではなく、集団としてのディレクターに属するということである。

〈100〉浅田（一九六八年）、前掲書、一〇三頁。

〈101〉浅田（一九六八年）、前掲書、二三八‐二四二頁。

〈102〉浅田（一九六八年）、前掲書、二八七‐二八八頁。

〈103〉同前。

〈104〉『読売新聞』一九六七年四月二六日付朝刊一〇面「ニュースコーナー――マイク真木のあとに高知放送の報道部長――NET〝木島ショー〟」。記事によると、「昨年初秋（略）ころから人気がおとろえはじめ、最近では、フジテレビの「小川宏ショー」に視聴率的に食われる状態」という。外崎宏司「「発言する視聴者」との交流――モーニングショーの四年から」『放送文化』一九六九年八月号、二二頁。外崎によると、「昭和四一年の最高一七、八%に至った視聴率（ビデオリサーチ）は四二年後半には六から七%程度に下がったという。

〈105〉村上七郎『ロングラン　マスコミ漂流50年の軌跡』扶桑社、二〇〇五年、九四頁。

〈106〉日本放送協会（二〇〇一年）、前掲書、五七一頁。

〈107〉塩沢茂『放送エンマ帳』オリオン出版社、一九六七年、七一頁。

〈108〉村上七郎、前掲書、九四頁。

〈109〉浅田（一九六八年）、前掲書、七一頁。

〈110〉同前。

〈111〉日本民間放送連盟『民間放送三十年史』岩崎放送出版社、一九八一年、二四七-二五一頁。

〈112〉テレビ朝日社史編纂委員会、前掲書、一八四頁。《モーニングショー》と《アフタヌーンショー》の表記については、「・」の有無について差がみられる。凡例で述べたように、本書は「・」を適宜省略した。

〈113〉浅田（一九六八年）、前掲書、二二〇頁。

〈114〉江間（一九七四年）、前掲書、一六七-一七〇頁。『読売新聞』一九六五年七月一日付朝刊一〇面「茶の間席――失敗した七人の司会者」。

〈115〉『読売新聞』一九六五年七月一日付朝刊一〇面「茶の間席――失敗した七人の司会者」。

〈116〉『読売新聞』一九六六年一月八日付朝刊一〇面「ニュースコーナー――新司会者に桂小金治　アフタヌーン・ショー」。

〈117〉渡邉實夫「東京のかたすみから（二十五）テレビの始めから終わりまで――一枚のビラ」モアラブ中川根『中川根ふる里通信』第五二号、一九九九年、一二-一三頁。

〈118〉『読売新聞』一九七三年八月五日付朝刊一三面「豆鉄砲――ワイドショー司会者時代の終わり」。

〈119〉例えば、『読売新聞』一九六七年八月二六日付朝刊一〇面「放送塔」。「フーテン族への小金治の怒りに共鳴」など。

〈120〉『読売新聞』一九六七年四月五日付夕刊一二面「司会者選びでひと苦労」。

〈121〉『毎日新聞』一九六八年一月三〇日付夕刊五面

「元の姿にかえる　朝のワイドショー番組」。

〈122〉『読売新聞』一九六八年一月二一日付朝刊一〇面「ニュースコーナー――木島、小椋がおりる　NETモーニングショー」。

〈123〉朝日新聞社のデータベース「聞蔵Ⅱビジュアル」において「見出し＋キーワード」で検索を行った（最終アクセス日＝二〇一八年一二月一八日）。『朝日新聞』一九六五年五月一七日付朝刊九面「月曜あんない――視聴率伸ばすワイド・ショー」が初出である。

〈124〉毎日新聞社のデータベース「毎索」において「見出し＋本文」で検索を行った（最終アクセス日＝二〇一八年一二月一八日）。

〈125〉読売新聞社のデータベース「ヨミダス歴史館」において「見出し検索」を行った（最終アクセス日＝二〇一八年一二月一八日）。「キーワード検索」であれば結果は異なる。

〈126〉『朝日新聞』一九六九年五月二九日付夕刊九面「視聴率争いが拍車」。

〈127〉『朝日新聞』一九六九年六月二八日付夕刊九面「〝短期決戦〟のテレビ番組」。

〈128〉「ニュースショー」という表現も一九八〇年代頃まで使用されていた。

〈129〉よみうりテレビ開局20周年記念事業企画委員会『よみうりテレビの20年――写真と証言』、一九七九年、九三頁。

〈130〉『読売新聞』一九七〇年一月二三日付朝刊一八面。

〈131〉番組の長さに関係なく集計した。また、ゲストとしてスタジオに呼ばれるなど、単発での視聴者の出演は集計していない。あくまで、視聴者参加が番組企画に組み込まれているものを集計した。

〈132〉『読売新聞』（一九六九年六月一日付朝刊一八面）は、「どっと二千人殺到　赤ちゃんタレント募集」と伝えている。『読売新聞』（一九六九年六月九日付朝刊八面）は、《デン助劇場》における劇中結婚式を紹介している。『毎日新聞』（一九七〇年八月一日付夕刊九面）は、連続ドラマに「しろうとの若奥さんを主要人物に抜てきした」と伝えている。

〈133〉《アフタヌーンショー》では、指名手配犯に関する有力情報の提供者に謝礼金を出すなどしていた。

〈134〉例えば、『読売新聞』（一九六九年九月一一日付朝刊一八面「テレビのプライバシー　〝亭主を調べます〟めぐって――侵害される恐れ」）は、「あなたの亭主を調べます」というコーナーについて報じている。この種のコーナーは、プライバシー侵害として放送番組向上委員会で検討されるに至っている。他に、『毎日新聞』一九七〇年七月二一日付夕刊七面「〝のぞき番組〟続々――好奇心に訴え視聴率かせぎ　みせつけたい心理も手伝う」など。

〈135〉マンションや軽飛行機を賞品とする番組もあった。『読売新聞』（一九七一年一月八日付朝刊一五面「マンションや飛行機ダメ――1人百万円にしなさい」）は、公正取引委員会が「景品の限度額を規制する方針を決めた」と報じている。

〈136〉『毎日新聞』一九七二年四月二日付朝刊一三面「テレビと暮らす主婦〈4〉――せんさく好き　連続ドラマの続編までつくらせる」。

〈137〉例えば、佐藤一子「国民の学習権と社会教育の中立性」『教育学研究』第八四巻第二号、二〇一七年、一四三頁。

〈138〉『読売新聞』一九七〇年五月三〇日付朝刊一八面「6人のプレイママ」。

〈139〉『毎日新聞』一九七一年一月一八日付朝刊八面「〝居並び奥さん〟繁盛記」。

〈140〉『読売新聞』一九七一年五月四日付夕刊七面「朝のワイドショーを考える　上」。

〈141〉同前。

〈142〉丸山一昭「テレビ局における〝やらせ〟とは何か」『テレビ朝日社友報』第一八号、二〇〇八年、九七頁。

〈143〉『読売新聞』一九六一年三月二三日付朝刊五面「テレビ週評」。

〈144〉「第六十八回国会　衆議院　逓信委員会放送に関する小委員会議事録　第二号」（一九七二年六月六日）。

〈145〉丸山、前掲論文、九七頁。

〈146〉『読売新聞』一九七一年五月六日付夕刊七面「朝のワイドショーを考える　下」。

〈147〉『読売新聞』一九七三年八月五日付朝刊一三面「豆鉄砲」。

〈148〉全国朝日放送、前掲書、二〇一頁。

〈149〉ニュースショーのみによって実現されたわけではない。キャスターニュースやディスカッション番組も、並行して試行されていた。

第四章

〈1〉古田尚輝「教育テレビ放送の50年」日本放送出版協会編『NHK放送文化研究所年報』第五三集、二〇〇九年b、一七八頁。同時期にNHK教育テレビも開局している。

〈2〉古田（二〇〇九年b）、前掲論文、一九二頁。

〈3〉毎日放送『毎日放送の40年』、一九九一年、一一五頁。「(昭和)四二年一一月一日、再免許に際しMBSは、YTV、札幌テレビとともに、準教育局から一般総合局になった」。

〈4〉テレビ朝日社史編纂委員会『チャレンジの軌跡』テレビ朝日、二〇一〇年、一五三頁。

〈5〉日本放送協会編『20世紀放送史　上』日本放送協会、二〇〇一年、四三八頁。

〈6〉日本民間放送連盟『民間放送三十年史』岩崎放送出版社、一九八一年、二七五頁。

〈7〉テレビ朝日社史編纂委員会、前掲書、二〇四頁。

〈8〉長谷川創一「草創期の編成と『土曜洋画劇場』誕生の思い出」『テレビ朝日社友報』第一八号、二〇〇八年、八一‐八二頁。

〈9〉中村廉次編『新田宇一郎記念録』杉林廉作、一九六六年、九一頁。

〈10〉元日本教育テレビの酒井平氏は、筆者の聞き取り調査（二〇一七年四月一二日）において、「一ヶ月でも違うと差をつけます」と答えている。

〈11〉放送業界では、ラジオとテレビを放送している局をラテ兼営（あるいは単に兼営）と呼び、ラジオやテレビのみの局を単営という。

〈12〉古田尚輝『『鉄腕アトム』の時代――映像産業の攻防』世界思想社、二〇〇九年a、六三頁。

〈13〉日本放送協会（二〇〇一年）、前掲書、一九三頁。

〈14〉石川研「日本の地上波商業テレビ放送網の形成」『社会経済史学』第六九巻第五号、二〇〇四年、五九二‐五九三頁。

〈15〉村上聖一「民放ネットワークをめぐる議論の変遷」『NHK放送文化研究所年報』第五四号、二〇一〇年、一六頁。

〈16〉スポンサーの意向によってネット局を選ぶことが多かったが、その意味合いから「スポンサード・ネット」とも呼ばれた。

〈17〉村上（二〇一〇年）、前掲論文、一五頁。

〈18〉青木貞伸（青木貞伸編『日本の民放ネットワー

ク』JNNネットワーク協議会、一九八一年）によれば、「当時の事情を知っている、ある在京テレビ局の幹部は「大阪、名古屋に一局ずつの時代は、まったく振り回されっぱなしでしたよ」」と言っていたという（九頁）。

〈19〉テレビ業界内では「ネット比率」などという。

〈20〉石川（二〇〇四年）、前掲論文、五九二頁。

〈21〉所雅彦『北海道民放論』（エフ・コピント富士書院、一九九四年）によれば、「①報道ネットワーク（ニュースに関する提携）」「②編成ネットワーク（番組編成に関する提携）」「③営業ネットワーク（営業セールスに関する提携）」「④制作ネットワーク（番組の共同制作に関する提携）」「⑤技術ネットワーク（番組送出および技術開発に関する提携）」以上五つの意味合いがあった（八五頁）。

〈22〉毎日放送（一九九一年）、前掲書、一二四頁、二四三頁。毎日放送テレビは「ネットワークの孤児」といわれたという。

〈23〉日本教育テレビは開局時に、毎日放送テレビからの応援を仰いでいる。テレビ朝日の社史は、次のように記述している。「MBSの開局は当社より一ヵ月後であったが、大阪テレビ放送（後に朝日放送〈ABC〉に合併）で経験を積んだ人材がいたこともあり、応援を仰いだ」（テレビ朝日社史編纂委員会、前掲書、一七〇頁）。

〈24〉志賀信夫『昭和テレビ放送史［下］』早川書房、一九九〇年、一二四頁。

〈25〉一九六二年、「教育」五〇％へ若干緩和される。

〈26〉古田（二〇〇九年b）、前掲論文、一八〇-一八一頁。

〈27〉南木淑郎『楊梅は孤り高く』毎日新聞社、一九七六年、三二三頁、三四二頁。

古田（二〇〇九年b、一八六頁）は、「教育専門局はどうにか採算性が取れると判断される東京だけに限り、その局に番組制作・供給センターの機能を持たせて各局が支援する」のが、民放の「本音」だとしている。しかしながら毎日放送テレビは、学校放送番組をまったく制作していなかったわけではない。毎日放送（一九九一年、前掲書、一〇三頁）によれば、「平日午前中は、NETからの学校授業向けの教育番組のネットでほとんど占められたが、地域に即した教材を望む教育現場の声に応える『幼児のひろば』や、NETとの交互制作による週3本の学校教育番組を制作した」という。

〈28〉青木貞伸『脱・茶の間の思想』社会思想社、一九七二年、八〇頁。

〈29〉日本テレビ放送網株式会社総務局『テレビ塔物語――創業の精神を、いま』（日本テレビ放送網、一九八四年）は、「ラジオ局を持たぬことは情報機関としては大きなハンディであり、ネット対策上も明らかに弱点である」としている（二三〇頁）。

〈30〉岩本政敏「失業率」テレビ朝日社友会『テレビ朝日社友報』第八号、一九九八年、二三頁。松村敏弘『韋駄天の朝駆け』文芸社、二〇〇三年、一〇〇頁。

〈31〉毎日放送（一九九一年）、前掲書、三二頁。

〈32〉毎日放送（一九九一年）、前掲書、八三頁。

〈33〉同前。

〈34〉毎日放送（一九九一年）、前掲書、二四三頁。放送人の会「放送人の証言」（証言者＝斎藤守慶、聞き手＝大山勝美・野崎茂、取材日＝二〇〇三年五月二三日、視聴日＝二〇一八年三月一日）は、「営業活動なんていうのは（略）格段の相違で、当時のNETはまったくダメでしたからね」と述べている。

〈35〉辻一郎『私だけの放送史』清流出版、二〇〇八年、一九六頁。

〈36〉インターネットの高度な普及と新型コロナウイルス感染症の影響により、二〇二一年以降、大きな変化が生じると思われる。地域を含めたセグメントごとのリーチなどを、スポンサーはこれまで以上に意識する可能性がある。

〈37〉南木、前掲書、三二二頁。

〈38〉南木、前掲書、三一八頁。

〈39〉南木、前掲書、三一九頁。

〈40〉青木（一九八一年）、前掲書、六頁。

〈41〉青木（一九八一年）、前掲書、七頁。ただし、独立U局などの例外はある。

〈42〉辻、前掲書、一六五頁。

〈43〉毎日放送（一九九一年）、前掲書、九二頁。

〈44〉青木（一九七二年）、前掲書、八〇頁。

〈45〉同前。

〈46〉南木、前掲書、三五八頁。

〈47〉松村（二〇〇三年）、前掲書、一〇〇頁。「大阪の局は自分の方がキー局である意識を持ち、自分たちの編成枠をがっちり摑んで離さず、番組の移動とか拡張するなどは論外であった。そのため（略）編成はいつも苦渋を呑まされていた」。あるいは、NETの川上操六によれば、「なんといっても頭痛のタネはMBSとの関係だった」という。毎日放送テレビは、「日本教育テレビだけがキー局と考えて貰っては困る（略）キー局は東京、大阪の二局あってしかるべしだ」と主張したという（川上操六「ANN誕生の舞台裏」テレビ朝日社友会編『テレビ朝日社友報』第六号、一九九六年、八六頁）。

〈48〉本書の定義に従い、週あたりの本数を集計した。帯番組については、例えば月曜から金曜の帯番組は五本として集計した。

〈49〉清水義弘編『高等教育の大衆化』（現代教育講座、第九巻）第一法規出版、一九七五年、一〇一頁。

〈50〉各年六月第一週のみを対象とした。それ以外の時期において、クイズ番組を編成していた可能性はある。

〈51〉『読売新聞』一九五七年三月一三日付夕刊二面「海外短波――25万6千ドルのクイズ」。

〈52〉『読売新聞』一九五九年一〇月一七日付夕刊七面「話の港」。

〈53〉『読売新聞』一九五九年一一月四日付夕刊五面「話の港」。

〈54〉『読売新聞』一九五九年一二月二一日付朝刊二面「一位・フ首相訪米――AP通信の十大ニュース」。

〈55〉クイズ番組を制作していなかった理由は不明である。一九六〇年過ぎまで、各局はドラマなどの中心的ジャンルの制作に注力していた。

〈56〉石田佐恵子・小川博司編『クイズ文化の社会学』世界思想社、二〇〇三年、二三-二六頁。

〈57〉『朝日新聞』一九六一年六月二七日付朝刊五面「米国の〝全日テレビ放送〟――フジテレビ村上編成部長のみやげ話」。

〈58〉志賀信夫『テレビ人間考現学』毎日新聞社、一九七〇年、二一五頁。

〈59〉『読売新聞』一九六五年一一月一二日付朝刊七面「またひとつショー番組――毎日放送テレビ娯楽中心で売り込む」「痛しかゆしのNET――木島ショーの6日制も考慮」。

〈60〉日本民間放送連盟編『放送ハンドブック』東洋経済新報社、一九九一年、二九六-二九八頁。

〈61〉『読売新聞』一九六六年二月二五日付朝刊一〇面「ふえたスポットもの〝番組み提供〟は減る――不況の中のコマーシャル」が、ニールセン社の一九六五年の調査を伝えている。
〈62〉 一般に、タイムCMの広告主のみをスポンサーと呼ぶ。
〈63〉 日本民間放送連盟（一九九一年）、前掲書、二九七‐二九八頁。
〈64〉 テレビ業界では、三ヶ月を「一クール」と呼ぶが、タイムセールスの場合、最低二クール（六ヶ月）にわたって提供する必要があった。日本民間放送連盟（一九九一年）、前掲書、二九七‐二九八頁。
〈65〉 有馬哲夫『テレビの夢から覚めるまで』（国文社、一九九七年）によれば、アメリカの送り手もスポンサーの意向に苦慮していたという（二〇八‐二〇九頁）。
〈66〉 GRP（Gross Rating Point）をもとに算出される。
〈67〉 スポットセールスと営業能力が無関係というわけではない。売上や代理店の料率は、営業能力によって左右される場合もある。
〈68〉 角間隆『これがテレビだ』講談社、一九七八年、三七頁。
〈69〉「座談会　テレビクイズよもやまばなし」『放送文化』一九六六年三月号、四七頁。「司会タレント」の三国一朗は、次のように述べている。「ともかく、スポンサーがいちばん愛する番組はクイズだと思いますよ。どこへ自分の商品を出したって、ルールに抵触しないどころか、そのものズバリを出していいたいことをいえますでしょう」。
〈70〉 一九六〇年頃から各局は段階的に延長した。
〈71〉『読売新聞』一九六三年一二月一四日付夕刊七面「テレビの人気もの――クイズの解答者たち」。
〈72〉『読売新聞』一九六四年九月二二日付朝刊一〇面「茶の間席――低級な客寄せ」。
〈73〉『読売新聞』一九六五年三月二一日付朝刊一〇面「放送塔」、同一九六五年八月二五日付朝刊一面「放送塔」など。
〈74〉『読売新聞』一九六六年九月二三日付朝刊九面「放送塔」には、「クイズ解答に誤り」として、《アップ・ダウン》に対する批判が投書されている。同年九月二五日付朝刊一〇面「放送塔」、同年九月三〇日付朝刊七面「放送塔」、他。
〈75〉 放送人の会「放送人の証言」（証言者＝荻野慶人、聞き手＝大山勝美・久野浩平、取材日＝二〇〇二年三月二九日）。

〈76〉青木（一九七二年）、前掲書、一三七頁。

〈77〉帯編成の一タイトルは、例えば月曜から金曜の放送であれば、五本として集計した。

〈78〉『読売新聞』一九六七年四月二三日付朝刊一〇面「ニュースコーナー――ヤマカン競う「インスピレーション・クイズ」」。

〈79〉『読売新聞』一九六九年六月一一日付朝刊一八面「正午の攻防エスカレート――TBS　クイズで巻き返し」。

〈80〉『読売新聞』一九七〇年一月二三日付朝刊一八面「視聴者参加番組花盛り――いまや新しいレジャー」。

〈81〉『読売新聞』一九七三年二月二日付朝刊一三面「放送塔」。

〈82〉『読売新聞』一九六九年一二月七日付朝刊一八面「クイズ番組　視聴者会議のお好み拝見」。

〈83〉同前。

〈84〉日本民間放送連盟『臨時放送関係法制調査会答申書』、一九六四年、一一九頁。

〈85〉『読売新聞』一九七一年三月一三日付朝刊一九面「気流」には、視聴者の厳しい批判が掲載されている。「賞金、賞品付きの俗悪なテレビのクイズショー番組のはんらんには驚くばかり。各テレビ局の賞金、賞品競争はどこまでエスカレートするのか。視聴率アップのため視聴者の射幸心をあおっているのだろうが、これでは娯楽などと呼べるものではない」。

〈86〉『読売新聞』一九六八年二月一一日付朝刊二一面「サンデー・スコープ」。

〈87〉志賀（一九七〇年、前掲書、二四六頁）は、両局の関係を「犬猿の仲」と評し、さらなる関係悪化に言及している。また、日本教育テレビは対抗措置として、「さらに、NETは神戸のサンテレビジョンや京都の近畿放送と変則ネットを組み、「ビッグ・アップル・ショー」という異色の歌謡曲番組などをつくり、毎日放送一辺倒ではない証拠をみせた」という（志賀信夫『テレビ・裏面の実像』白馬出版、一九七二年、二三九頁）。

〈88〉毎日放送編『高橋信三の放送論』毎日放送、一九九二年、三一一頁。「東京12チャンネルとの番組ネット関係」は、東京12チャンネル開局の一九六四年から「一部始まって」いたという。ネットワーク協定が文書によって交わされたかについては異論もある。

〈89〉辻、前掲書、一九四‐一九八頁。村上（二〇一〇年）、前掲論文、二五頁。

〈90〉全国朝日放送『テレビ朝日社史――ファミリー視聴の25年』全国朝日放送、一九八四年、一一一頁。

〈91〉南木、前掲書、三七八頁。

〈92〉丸山一昭「テレビ局における〝やらせ〟とは何か」『テレビ朝日社友報』第一八号、二〇〇八年、九七頁。

〈93〉二〇一七年四月二六日、既述のように、元日本教育テレビの知識洋治氏一人に対して三時間程度、筆者が聞き取り調査を行った。知識洋治によれば、同番組は日本教育テレビの森尚武の企画であったという。

〈94〉軍司貞則『ナベプロ帝国の興亡』文藝春秋、一九九二年、二五二頁。

〈95〉古田（二〇〇九年b）、前掲論文、二〇五頁。

〈96〉古田（二〇〇九年b）、前掲論文、一八五頁。

〈97〉古田（二〇〇九年b）、前掲論文、一八六頁。

〈98〉毎日放送（一九九一年）、前掲書、一二六頁。

〈99〉南木、前掲書、三八五頁。

〈100〉『朝日新聞』一九七八年六月一一日付朝刊二四面「渦――「三強一弱」体制崩れる　混戦激化の視聴率競争」。同記事によれば、在京キー局の力関係は「三強一弱」といわれ、「一弱」は日本教育テレビ（またはテレビ朝日）であった。

〈101〉毎日放送『毎日放送十年史』毎日放送、一九六一年、一二九頁。

第五章

〈1〉よみうりテレビ開局20周年記念事業企画委員会『よみうりテレビの20年――写真と証言』一九七九年、一二頁。

〈2〉よみうりテレビ開局20周年記念事業企画委員会、前掲書、一六頁。

〈3〉よみうりテレビ開局20周年記念事業企画委員会、前掲書、二〇頁。

〈4〉マイクロ回線などを用いれば、同時ネット（同時刻に同じ番組を異なる放送エリアで流すこと）となるが、テープなどを用いると放送に時差が生じる。一般的に、テープを用いたテープネットは、マイクロ回線を用いた同時ネットよりも、取引される金額が低いため、テレビ業界全体としてみれば、同時ネットが多くなる。なお、テープを用いた場合でも、営業を伴わず、番組本編のみを配信・セールスする場合は「番組販売

（番販）」と呼ばれるのが一般的である。よみうりテレビ開局20周年記念事業企画委員会、前掲書、二〇頁。

〈5〉松本一朗『闘魂の人――人間務台と読売新聞』大自然出版、一九七三年、三二〇頁。

〈6〉読売テレビ放送『よみうりテレビ社報』第四八号、一九六五年一月五日、二頁。

〈7〉YTVの社史によれば、YTVが一九五七年に受けた予備免許の付帯条件には、「特定の一放送業者だけから番組供給を受けないこと」という一項があったという。しかしながら、後に「日本テレビは大阪地区では本社以外にいっさいの番組を送らず、本社も日本テレビ以外のネット番組は実際上受入れないとの態度を決めた。これが、いわゆる完全ステーションネット体制の皮切りであった」という（讀賣テレビ社史編集委員会編『近畿の太陽――讀賣テレビ10年史』讀賣テレビ放送、一九六九年、三〇八頁）。

〈8〉日本テレビ放送網株式会社総務局『テレビ塔物語――創業の精神を、いま』日本テレビ放送網、一九八四年、六三頁。

〈9〉松本、前掲書、三二〇頁。

〈10〉同前。

〈11〉「対談　放送界今昔――放送のきのう・きょう・あすを考える」『放送文化』一九六五年三月号。東京放送社長の鹿倉吉次は、次のように述べている。「わたしのところの東京放送は、朝日、毎日、読売が合併してやってきている会社なんです。ニュースを出したいということが目的で出願しているんだ」（二一頁）。

〈12〉慶応義塾大学新聞研究所編『新田宇一郎選集』電通、一九六六年、二二一－二二二頁。

〈13〉中村廉次編『新田宇一郎記念録』杉林廉作、一九六六年、八三頁。

〈14〉『朝日新聞』一九六〇年六月三日付朝刊五面「大阪の教育番組――準教育局YTVの場合」。

〈15〉小中陽太郎、他『放送できないテレビの内幕』自由国民社、一九六八年、一九七頁。

〈16〉『よみうりテレビ社報』第四八号、一九六五年一月五日、二頁。

〈17〉松本、前掲書、三四一頁。

〈18〉放送人の会「放送人の証言」（証言者＝浅田孝彦、聞き手＝野崎茂・久野浩平、取材日＝二〇〇〇年一月二六日、視聴日＝二〇一七年五月一八日）。「学校でみてもらう教育番組をつくる、あとはおまけだという感じだったでしょう」。

〈19〉松村敏弘「NETテレビ　放送における教育」『放送教育』第二九七号、一九七三年一二月、八五頁。日本教育テレビ教育部長の松村は、「十五年前の教育番組イコール学校向け番組と考えた送り手の判断」と述べている。

〈20〉朝日新聞一九六〇年六月三日付朝刊五面「大阪の教育番組——準教育局YTVの場合」。

〈21〉末次摂子「おどり出た成人教育番組」読売テレビ放送株式会社社史編集委員会編『社史おぼえがき』読売テレビ放送、一九六九年、一八六頁。

〈22〉南木淑郎『楊梅は孤り高く』毎日新聞社、一九七六年、三二三頁。

〈23〉南木、前掲書、三四二頁。南木は、「毎日テレビが学校向けに制作したのは「テレビ百科辞典」「科学の窓」「先生とお母さんの教室テレビ参観」などのごく一部」だとしている。

〈24〉社会科については長期にわたって制作を続けた。

〈25〉南木、前掲書、三四二頁。南木は次のように述べている。「さいわい毎日テレビでは日本教育テレビが実施した学校向け放送を受けることによって、大半の責はふさがれ、多くは関西教育放送会議の協力を得て教育番組の利用面と普及に力が注がれた」。

〈26〉テレビ朝日社史編纂委員会『チャレンジの軌跡』（テレビ朝日、二〇一〇年）によると、「学校放送番組は、1959年三月に大阪地区（MBS）、四月に札幌地区（札幌テレビ放送〈STV〉）の、それぞれの地方局が開局するのと同時にネット化されることとなった」（二五二頁）という。

〈27〉札幌テレビ放送創立50周年記念事業推進室編『札幌テレビ放送　50年の歩み』札幌テレビ放送、二〇〇八年、三八頁。

〈28〉小納正次『STVと私』私家版、二〇〇七年、一四三頁。

〈29〉『よみうりテレビ社報』第八号、一九六〇年三月一五日、二頁。

〈30〉VTRが普及していれば、テープに録画して配信することが可能であったが、当時は普及以前であった。なお、録画した番組は配信元の放送とは時間差が生じる。後に「テープネット」「番組販売」などと呼ばれる形態である。

〈31〉古田尚輝「教育テレビ放送の50年」日本放送出版

協会編『NHK放送文化研究所年報』第五三集、二〇〇九年b、一八六頁。

〈32〉テレビ朝日社史編纂委員会、前掲書、一五二頁。

〈33〉松谷みよ子『現代民話考　第二期Ⅲ——ラジオ・テレビ局の笑いと怪談』立風書房、一九八七年、二九〇頁。

〈34〉日本民間放送連盟『民間放送十年史』、一九六一年、四〇二頁。

〈35〉同前。

〈36〉民間放送教育協会『民教協30年の歩み』、一九九七年、一六二頁。

〈37〉放送人の会「放送人の証言」（証言者＝末次摂子、聞き手＝荻野慶人・久野浩平、取材日＝二〇〇五年三月八日、視聴日＝二〇一八年二月二八日）。

〈38〉松村、前掲書、八五頁。

〈39〉最先発の毎日放送テレビは例外であった。

〈40〉「資料　日本のテレビジョン」『新聞学評論』一〇巻、一九六〇年、二一九頁。

〈41〉村上聖一「番組調和原則　法改正で問い直される機能」『放送研究と調査』二〇一一年二月、六頁。「一九六二年六月の再免許では、総合放送局に対する条件が、「教育・教養30％以上」から「教育10％以上、教養20％以上」へと表現が変わった」。

〈42〉読売テレビ社友会『絆——読売テレビ社友会20周年記念』二〇〇六年、五四頁。

〈43〉放送人の会「放送人の証言」（証言者＝北代博、聞き手＝大山勝美・久野浩平、取材日＝二〇〇四年五月二八日、視聴日＝二〇一八年三月一日）。北代によれば、毎日放送テレビが制作した番組を日本教育テレビが受けた場合には、毎日放送テレビの分類と異なり、「教育」に分類されることも多かったという。「番頭はんと丁稚どんなんてのを入り中するでしょ、向こうでは娯楽番組がこちらでは教育番組とかね」。「入り中」とは、局に対して入ってくる中継回線のことであり、この場合、毎日放送テレビが制作した番組を日本教育テレビが「入り中」として受けたことを意味する。尚、反対に出ていく中継は「出中（でちゅう）」などと呼ぶ。

〈44〉『よみうりテレビ社報』第八二号、一九六七年一一月一〇日、一三頁。

〈45〉よみうりテレビ開局20周年記念事業企画委員会、前掲書、九〇頁。

〈46〉よみうりテレビ開局20周年記念事業企画委員会、前掲書、九一頁。

〈47〉『よみうりテレビ社報』第八二号、一九六七年一一月一〇日、一三頁。

〈48〉同前。また、末次は、「ディレクター諸君の多彩な力量を開発するには、もっと密度の高い表現様式を求める必要がある」とも述べている（末次 一九六九年、前掲、一八六頁）。

〈49〉末次（一九六九年）、前掲、一八六頁。

〈50〉よみうりテレビ開局20周年記念事業企画委員会、前掲書、九〇頁。

〈51〉当初は教育教養課であったが、一九六四年、部に昇格となった。本書では便宜上、教育教養部で統一した。

〈52〉放送人の会「放送人の証言」（証言者＝末次摂子）、前掲。

〈53〉『よみうりテレビ社報』第八一号、一九六七年一〇月一五日、一二頁。

〈54〉テレビ朝日社史編纂委員会、前掲書、一五三頁。

〈55〉「社史おぼえがき」『よみうりテレビ社報』第八一号、一九六七年一〇月一五日、一二頁。以下のような記述がある。「主婦を対象とする「成人教育番組」に全面的な切りかえを行なったのであった」。なお、この記事は、「成人教育番組の制作にあたった末次摂子、内田明宏（現、広報調査部主任）、松田一豊（現、制作部主事）、内田美子（現、営業部）、杉谷玖美子（現、企画宣伝部）の各氏の座談を末次摂子がまとめたもの」だという。

〈56〉讀賣テレビ社史編集委員会、前掲書、二七二頁。

〈57〉讀賣テレビ社史編集委員会、前掲書、三一〇‐三一六頁。関西テレビ放送株式会社総務局社史編集室『関西テレビ放送10年史』関西テレビ放送、一九六八年、四一‐四四頁。

〈58〉よみうりテレビ開局20周年記念事業企画委員会、前掲書、一一四頁。

〈59〉関西民放クラブ「メディア・ウォッチング」編『民間放送のかがやいていたころ』大阪公立大学共同出版会、二〇一五年、五五八頁。

〈60〉よみうりテレビ開局20周年記念事業企画委員会、前掲書、一一五頁。

〈61〉同前。

〈62〉読売新聞一九六五年一一月一二日付朝刊七面「ま

たひとつショー番組――毎日放送テレビ娯楽中心で売り込む」「痛しかゆしのＮＥＴ――木島ショーの６日制も考慮」。

〈63〉『よみうりテレビ社報』第四八号、一九六五年一月五日、二頁。

〈64〉『よみうりテレビ社報』第八一号、一九六七年一〇月一五日、一二頁。

〈65〉『よみうりテレビ社報』第五四号、一九六五年七月五日、一頁。

〈66〉讀賣テレビ社史編集委員会、前掲書、二七四頁。

〈67〉同前。

〈68〉『よみうりテレビ社報』第八一号、一九六七年一〇月一五日、一二頁。

〈69〉よみうりテレビ開局20周年記念事業企画委員会、前掲書、二二頁。

〈70〉仲村祥一・津金沢聡広・井上俊・内田明宏・井上宏『テレビ番組論――見る体験の社会心理史［YTV REPORTシリーズ5］』読売テレビ放送、一九七二年、二五三頁。

〈71〉放送人の会「放送人の証言」（証言者＝末次摂子）、前掲。末次によれば、「予算が低かった」が、その半面、社会教養部では「結束が強かった」という。「教育」関連の予算が低いのは、各局に共通していた。

〈72〉よみうりテレビ開局20周年記念事業企画委員会、前掲書、九一頁。

〈73〉よみうりテレビ開局20周年記念事業企画委員会、前掲書、一一四頁。

〈74〉朝日新聞一九六〇年六月三日付朝刊五面「大阪の教育番組――準教育局ＹＴＶの場合」。

〈75〉よみうりテレビ開局20周年記念事業企画委員会、前掲書、九一頁。

〈76〉放送人の会「放送人の証言」（証言者＝末次摂子）、前掲。

〈77〉末次（一九六九年）、前掲、一九五頁。

〈78〉高橋章「マジメ番組とアソビ番組と――花ざかりのワイド・ショー」『放送文化』一九六六年一二月号、四三頁。《11ＰＭ》は、「東京制作も、大阪制作も、視聴率をみると、差はなくて、ともに仲よく六、七％を保っている」。

〈79〉『よみうりテレビ社報』第八一号、一九六七年一〇月一五日、一二頁。

〈80〉「すてきな人㉙」『サークルマム』浪速商事、一九九五年一月。末次の経歴は、「1946年京都日日新聞社入社。一九五二年大阪読売新聞社記者。一九五八年よみうりテレビの開局に伴い出向、教育教養課長、制作部長、制作局次長ののち一九七七年よみうりテレビ参与」などとなっている。

〈81〉放送人の会「放送人の証言」（証言者＝末次摂子）、前掲。末次は、京大の記者クラブにいたこともあった。末次が大阪読売の記者になる際の身元保証人は、桑原武夫が務めたという。

〈82〉放送人の会「放送人の証言」（証言者＝末次摂子）、前掲。福田定一（後の司馬遼太郎）も一時、産経新聞社の京都支局にいた。

〈83〉『よみうりテレビ社報』第八二号、一九六七年一一月一〇日、一三頁。

〈84〉「座談会1――情報・教養番組を作って20年」よみうりテレビ開局20周年記念事業企画委員会、前掲書、九二頁。

〈85〉稲垣恭子「『婦人公論』――お茶の間論壇の誕生」竹内洋・佐藤卓己・稲垣恭子編『日本の論壇雑誌――教養メディアの盛衰』創元社、二〇一四年、一二三頁。

〈86〉讀賣テレビ社史編集委員会、前掲書、三七九頁。

〈87〉『ワイドショー11PM――深夜の浮世史』日本テレビ放送網、一九八四年、一六頁。

〈88〉同前。

〈89〉放送人の会「放送人の証言」（証言者＝末次摂子）、前掲。

〈90〉同前。

〈91〉同前。

〈92〉放送教育開発センター編『研究報告』第二三号、一九九〇年、五七頁。

〈93〉放送人の会「放送人の証言」（証言者＝末次摂子）、前掲。

〈94〉一九六五年、YTVは再免許を受け、「教育」「教養」の比率が低下した。「教育」「教養」の高い比率を梃子に、ローカル枠を確保してきたYTVにとっては、ローカル枠をネット枠に移行させられる可能性が高まった。しかしYTVトップの新田宇一郎は、「教育番組の時間帯をこの再免許を機会として、ネットワーク番組に振り換えること」について、「ネットワークが教育番組をとりあげる場合に限って許されるべき」だと明言している（『よみうりテレビ社報』第五四号、一九六五年七月五日、一頁)。新田は、「教育番組は減らさない」とも述べ、「教育」「教養」の種別量の低下を否定している。

〈95〉よみうりテレビ開局20周年記念事業企画委員会、前掲書、三八頁。

〈96〉同前。

〈97〉ネットワーク形成期には、加盟するネットワークの変更が少なくなく、一九六〇年代前半には、準教育局のSTVが、日本教育テレビのネットワークから日本テレビのネットワークに移行している。また、複数のネットワークに加盟するクロスネットも多くみられた。

〈98〉よみうりテレビ開局20周年記念事業企画委員会、前掲書、九一頁。

〈99〉同前。

〈100〉同前。

〈101〉よみうりテレビ開局20周年記念事業企画委員会、前掲書、九六頁。他に、読売テレビ放送株式会社社史編集委員会、前掲書、二七〇-二七一頁。あるいは、喜多幡為三「テレビ・ネットワーク所見」『テレビ画面の影にあるもの——テレビ・ネットワーク研究』公正取引協会、一九六一年、七九-八〇頁。日本教育テレビの喜多幡も「民間テレビのパイオニアの中に、自ら開拓したネットワーク、あるいはその材料を、半永久的に独占するために、ローカル局を強制し、脅迫し、恫喝するような人あるいは局があるようだ」と述べている。

〈102〉『よみうりテレビ社報』第四三号、一九六四年八月五日、八頁。

〈103〉よみうりテレビ開局20周年記念事業企画委員会、前掲書、九六頁。

〈104〉雑誌形式の番組。第三章でみたニュースショーが典型である。

〈105〉よみうりテレビ開局20周年記念事業企画委員会、前掲書、九二頁。

〈106〉よみうりテレビ開局20周年記念事業企画委員会、前掲書、四二頁。

〈107〉よみうりテレビ開局20周年記念事業企画委員会、前掲書、五〇頁。

〈108〉放送人の会「放送人の証言」(証言者=荻野慶人、聞き手=大山勝美・久野浩平、取材日=二〇〇二年三月二九日、視聴日=二〇一八年三月二日)。「だんぜん東京の方が（ドラマは）作りやすい」。

〈109〉放送人の会「放送人の証言」（証言者＝池田徹郎（ＭＢＳ）、聞き手＝山田尚・久野浩平、取材日＝二〇〇五年四月二六日、視聴日＝二〇一八年二月二八日）。「万博以降、ネット番組が東京へいったでしょう。それまでは大阪でやってた」。

〈110〉よみうりテレビ開局20周年記念事業企画委員会、前掲書、一〇二頁。

終　章

〈1〉今井康雄『メディアの教育学――「教育」の再定義のために』東京大学出版会、二〇〇四年、二頁。

〈2〉同前。

〈3〉同前。

〈4〉今井、前掲書、四頁。

〈5〉メディア・リテラシーの定義は様々である。総務省のホームページは、「メディアリテラシー」とは「次の3つを構成要素とする、複合的な能力のこと」であり、三つの構成要素は、「1．メディアを主体的に読み解く能力。2．メディアにアクセスし、活用する能力。3．メディアを通じコミュニケーションする能力。特に、情報の読み手との相互作用的（インタラクティブ）コミュニケーション能力」だとしている。〈http://www.soumu.go.jp/main_sosiki/joho_tsusin/top/hoso/kyouzai.html〉（最終アクセス日＝二〇一九年八月二六日）。

〈6〉例えば、後藤心平・齋藤玲・佐藤和紀・堀田龍也「ラジオ局による高校生を対象としたメディア・リテラシー育成プログラムの再検討と評価」『教育メディア研究』第二五巻第二号、二〇一九年、一三－二七頁。

〈7〉日本放送協会編『20世紀放送史　上』日本放送協会、二〇〇一年、四三六－四四三頁。

〈8〉中野照海「特集――放送教育運動の総括から新たな発展のために」『教育メディア研究』第九巻第二号、二〇〇三年、一頁。中野照海は、「わが国の放送教育が多くの関係者が感じているように、或る時期から放送教育が衰退してきた」と述べている。

〈9〉今井、前掲書、四頁。

〈10〉宇治橋祐之・日比美彦・箕輪貴「デジタル・双方向時代の教育番組」『教育メディア研究』第九巻第二号、二〇〇三年、四八頁。宇治橋らは、「これまで放送番組利用の問題点とされた」点について、「時間帯、カリキュラムとのずれ」「番組の事前情報の不足」の二つを挙げている。

〈11〉佐藤卓己『テレビ的教養――一億総博知化への系譜』NTT出版、二〇〇八年、二四七頁。

〈12〉〈https://www.nhk.or.jp/school/〉(最終アクセス日二〇一九年八月二七日)。

〈13〉瀧口美絵「国語科教育におけるメディア教育論争の史的検討――「西本・山下論争」の議論に注目して」『国語科教育』第七〇巻、二〇一一年、四七頁。

〈14〉佐藤一子「国民の学習権と社会教育の中立性」『教育学研究』第八四巻第二号、二〇一七年、一四三頁。

〈15〉三輪建二「社会教育学の「原風景」と成人の学習」『教育学研究』第七一巻第四号、二〇〇四年、四六一頁。

〈16〉佐藤一子、前掲論文、一四三頁。

〈17〉立田慶裕「生涯学習政策の展開と社会教育の変化」日本社会教育学会編『講座現代社会教育の理論I 現代教育改革と社会教育』、二〇〇四年、八一頁。

〈18〉松原治郎「現代における成人教育を展望する――その背景とテレビ・メディア」『放送文化』日本放送出版協会、一九六九年九月号、一〇頁。

〈19〉同前。

〈20〉中野照海、前掲、一頁。

〈21〉松原、前掲論文、一〇頁。

〈22〉佐藤一子、前掲論文、一四七頁。

〈23〉三輪、前掲論文、四六二頁。

〈24〉三輪、前掲論文、四六一頁。

〈25〉藤岡英雄『学びのメディアとしての放送――放送利用個人学習の研究』学文社、二〇〇五年、三八頁。

〈26〉同前。

〈27〉同前。

〈28〉ラジオの第二放送(中波)を指す。

〈29〉古田尚輝「教育テレビ放送の50年」日本放送出版協会編『NHK放送文化研究所年報』第五三集、二〇〇九年b、一九七頁。

〈30〉川津貴司「戦時下における城戸幡太郎と学校放送」『教育方法学研究』第三三巻、二〇〇八年、一六三頁。

〈31〉市川昌「放送教材の同時代性と開かれた作品性――ジャーナリズム精神と映像解読力の育成」『教育メディア研究』第九巻第二号、二〇〇三年、四頁。

〈32〉佐藤一子、前掲論文、一四三頁。

〈33〉古田（二〇〇九年b）、前掲論文、二〇六頁。

〈34〉古田（二〇〇九年b）、前掲論文、一九六頁。

〈35〉佐藤卓己、前掲書、一三五頁。

〈36〉佐藤卓己、前掲書、一五頁。

〈37〉佐藤卓己、前掲書、一四頁。

〈38〉佐藤卓己、前掲書、一〇頁。

〈39〉村上聖一『戦後日本の放送規制』日本評論社、二〇一六年、二五四頁。

〈40〉日本放送協会編（二〇〇一年）、前掲書、四三七頁。

〈41〉東映アニメーションの公式サイトより。https://www.lineup.toei-anim.co.jp/ja/movie/movie_hakujaden/（最終アクセス日＝二〇二一年八月八日）。

ビ放送 YTV	放送一般	その他，社会全般
開始(150 頁)	《ロンパールーム》放送開始(150 頁)	邦画 5 社，劇場映画のテレビ放出制限廃止
放送開始(150 頁) 開始(150 頁)	東京 12 チャンネル開局(59 頁他)	証券不況(1964 ～ 1965 年) 東京オリンピック開催(88 頁)
開始(150 頁) 始(146 頁)		いざなぎ景気(～ 1970 年) 米軍，ベトナムで北爆開始 夕張炭鉱でガス爆発事故 新聞各社，日曜夕刊廃止
送開始(147 頁) 放送開始	NNN 発足(151 頁) 東京 12 チャンネル放送時間短縮(101 頁)	ビートルズ来日
放送開始 場です》放送開始	STV 一般局化(117 頁)	ミニスカートがブームに
ュース供給契約 始(152 頁) 万円》放送開始(147 頁)	TBS《ニュースコープ》田英夫降板(70 頁) NTV《木島則夫ハプニングショー》開始	メキシコシティーオリンピック開催 三億円事件
現像装置の運用開始 放送開始(152 頁) ク》放送開始	TBS《ベルト・クイズ Q&Q》(115 頁) サンテレビジョン開局	人類初の月面着陸
(152 頁) を撤去(2 箇所を除いて) (153 頁) 放送開始 ーク》放送開始(147 頁)	民放連「放送基準」改正	よど号ハイジャック事件 大阪万博開催 ボウリングがブームに
語》(153 頁)	民放連，クイズ番組の賞金最高額を 100 万円に	五社協定消滅 大映，全業務を停止 円，変動相場制へ移行(ニクソン・ショック)
		浅間山荘事件 外務省秘密漏洩事件 佐藤栄作首相，退陣表明記者会見 ミュンヘンオリンピック開催 札幌オリンピック開催(冬季)
	東京 12 チャンネル一般局化(101 頁)	第一次オイルショック ベトナム和平協定
	オイルショックにより深夜放送自粛	交通ゼネスト ユリ・ゲラー，超能力ブーム

年	日本教育テレビ NET	毎日放送 MBS	読売テレ
1963	臨時放送関係法制調査会へ要望書(34頁) 《鉄道公安36号》放送開始 《テレビ寄席》放送開始	《アップ・ダウン・クイズ》放送開始(112頁) 《アップ・ダウン・クイズ》をNETへ配信(112頁)	《美女対談》放送
1964	《木島則夫モーニングショー》放送開始(70頁他) 大川社長辞任，赤尾が社長復帰(79頁他)		《伴淳の人生相談》 《一等夫人》放送
1965	《アフタヌーンショー》放送開始(82頁他)	JRN加盟，NRN加盟(ラジオ・ネットワーク) NETとネット協定締結	《美男対談》放送 《11PM》放送開
1966	桂小金治《アフタヌーン》メイン司会(88頁) 《氷点》放送開始 プロデューサー・システムを導入(85頁) 《題名のない音楽会》放送開始 新編成方針「M・Mライン」(36頁) 《土曜洋画劇場》放送開始(61頁) 《火曜映画劇場》放送開始		NNN加盟(151頁) 《奥さま寄席》放 《赤ちゃん誕生》
1967	《木島》ハワイから中継 《日曜洋画劇場》放送開始(63頁) カラー放送を開始 民間放送教育協会発足(36頁)	東京12チャンネルへ番組配信(118頁) 《歌え！　MBSヤングタウン》放送開始 一般局化(116頁)	《意地悪ばあさん》 一般局化 《奥さま日曜市
1968	木島則夫《モーニングショー》降板(89頁) 《土曜映画劇場》放送開始	カラー設備計画委員会設置	共同通信社と二 《道頓堀》放送開 《巨泉まとめて百
1969	《タイムショック》放送開始(115頁) ニュース番組をカラー化	東京12チャンネルとネット関係(119頁) 《ヤングおー！　おー！》放送開始 ミリカホール完成	カラーフィルム 《ややととさん》 《タイガーマス
1970	ニュースネットワーク(ANN)発足 《ANNワイドニュース》放送開始 初の朝日新聞社出身社長(94頁) 「ファミリー路線」を編成の基本方針に	ラジオのオールナイト放送開始	《細うで繁盛記》 街頭カラーテレビ よみパック設立 東京支社開設 《遠くへ行きたい》 《お笑いネットワ
1971	《23時ショー》放送開始(94頁) 深夜放送を開始 日本ケーブルテレビジョン(JCTV)設立	《仮面ライダー》をNETへ配信 NET《23時ショー》放送打ち切り(95頁他)	《ぼてじゃこ物
1972	新日本プロレスリング創立 《13時ショー》放送開始(95頁)		
1973	名古屋テレビ放送と全面ネット 一般局化(30頁他) 桂小金治《アフタヌーンショー》降板	《毎日新聞ニュース》のリライト業務移行 JNNへの加盟を発表	
1974			
1975	ABCと完全ネットワーク(121頁)	TBSと完全ネットワーク	

＊本文中の頁数を(　　)内に示した。

ビ放送 YTV	放送一般	その他，社会全般
	ラジオ東京(後の TBS ラジオ)開局 CBC 開局(100 頁)	サンフランシスコ平和条約調印 日米安全保障条約調印 新聞 23 社が朝夕刊ワンセット制再開 力道山プロレス，デビュー
	米《TODAY》放送開始(73 頁) 電波監理委員会・廃止(15 頁)	ヘルシンキオリンピック開催
	NTV 本放送開始(14 頁他) NHK テレビ開局(14 頁他)	映画五社協定締結
	KRT(後の TBS テレビ)開局(14 頁他)	
	NTV《テレビ坊やの冒険》吹き替え開始(195 頁) KRT《まんがスーパーマン》吹き替え開始(43 頁) 米アンペックス社，VTR 開発発表 OTV 開局(100 頁) CBC テレビ開局	メルボルンオリンピック開催
	《ヒッチコック劇場》他で吹き替え開始(47 頁) NHK《アイ・ラブ・ルーシー》字幕放送(46 頁) 郵政省，第 1 次チャンネルプラン決定 《HBC 教育放送》放送開始(168 頁) 郵政省，テレビ 43 局に一斉予備免許(100 頁) PTC 吹き替え日本語版制作開始(51 頁) PTC 米ネットワーク NBC 代理店(51 頁)	「一億総白痴化」テレビ批判(1 頁他) 米クイズ・スキャンダル(109 頁) ロカビリーがブームに
局(100 頁他)	ABC 日本初の VTR 導入(49 頁)	映画六社協定へ(日活も協調) ソニー，初の国産 VTR 完成 岩戸景気(～ 1961 年)
送(7:45 ～)	NHK 東京，教育テレビ開局(53 頁) フジテレビ開局(53 頁他) 放送法改正，番組調和原則導入(15 頁)	伊勢湾台風 安保改定反対国会請願デモ
行の大型中継(145 頁)		日米新安保条約調印 ソニー，世界初のトランジスタテレビ発売 カラーテレビ放送の標準方式制定 ローマオリンピック開催
せましょう》放送開始	米ニールセン社，視聴率サービス開始(79 頁) 郵政省，第 2 次チャンネルプラン決定 マイクロ回線(西日本ループ)開通	
子専科》放送開始 放送開始 ドクター》放送開始 ール》放送開始 放送開始	TBS《ニュースコープ》放送開始(70 頁) 日本科学技術振興財団にテレビ予備免許 名古屋テレビ放送 NBN 開局(149 頁) ビデオリサーチ社，視聴率サービス開始(79 頁) 民放連放送研究所発足 郵政省，「臨時放送関係法制調査会」設置 RKB 毎日《ひとりっ子》放送中止(70 頁)	

商業教育局関連・略年表

年	日本教育テレビ NET	毎日放送 MBS	読売テレ
1951		新日本放送(ラジオ)NJB 開局(100 頁他)	
1952			
1953		労働組合結成	
1955			
1956			
1957	東京教育テレビに予備免許交付(51 頁) 商号を「株式会社日本教育テレビ」に 赤尾好夫が社長就任(71 頁)	テレビ予備免許	
1958			本放送開始，開
1959	本免許交付，試験放送実施 本放送開始(開局，41 頁他) 毎日放送・九州朝日放送とネットを組む 《大相撲ダイジェスト》放送開始 《ローハイド》放送開始(53 頁)	テレビ本免許交付 テレビ本放送開始(開局，100 頁他) 《番頭はんと丁稚どん》放送開始	関西初の早朝放
1960	労働組合結成 《ララミー牧場》放送開始(53 頁) 大川博社長就任(34 頁他)	《素人名人会》放送開始	島津貴子新婚旅
1961	《東京アフタヌーン》放送，DJ 導入(77 頁) 《セブン・ショー》放送開始(95 頁) 放送時間を延長(75 頁) 《テレビ週刊誌ただいま発売》(78 頁)		《テレビと共にや
1962	民間放送教育協議会発足(34 頁) 再免許(「教育」53 % から 50 % へ) 《なんでもクイズ》放送開始(110 頁) 名古屋テレビ放送 NBN とネット開始 《婦人ジャーナル》放送開始 STV とのネットワーク関係解消(131 頁) 《判決》放送開始 《時はカネなり》放送開始(110 頁)		《主婦のための男 《テレビ大学講座》 《テレビ・ホーム 《マジック・スク 《アベック歌合戦》

人名索引

著者紹介

木下浩一（きのした・こういち）
1967年，兵庫県生まれ。京都大学大学院教育学研究科博士後期課程修了。京都大学博士（教育学）。現在，帝京大学文学部社会学科講師。専門は，メディア史・歴史社会学・ジャーナリズム論。
1990～2012年，朝日放送㈱番組プロデューサー・ディレクター，映像エンジニア。2012～2020年，桃山学院大学，大阪成蹊大学，放送芸術学院専門学校で非常勤講師。就活関連指導，多数。

テレビから学んだ時代
――商業教育局のクイズ・洋画・ニュースショー

2021年9月30日　第1刷発行　　定価はカバーに表示しています

著　者　木　下　浩　一

発行者　上　原　寿　明

世界思想社

京都市左京区岩倉南桑原町56　〒606-0031
電話 075(721)6500
振替 01000-6-2908
http://sekaishisosha.jp/

（印刷・製本 太洋社）

ISBN978-4-7907-1761-4